高等学校土木工程专业"十四五"系列教材

高等学校土木工程学科专业指导委员会规划教材

（按高等学校土木工程本科专业指南编写）

铝 结 构

刘红波　　郭小农　　欧阳元文　　周　婷　　主编

陈志华　　张其林　　主审

中国建筑工业出版社

图书在版编目（CIP）数据

铝结构 / 刘红波等主编. -- 北京：中国建筑工业
出版社，2024.8. --（高等学校土木工程专业"十四五"
系列教材）（高等学校土木工程学科专业指导委员会规划
教材）. -- ISBN 978-7-112-30012-9

Ⅰ. TU395

中国国家版本馆 CIP 数据核字第 2024J4X085 号

　　铝合金作为一种新型工程结构材料，其具有轻质高强、耐腐蚀、延展性强以及高效环保的特性，使其在各类工程中具有广泛的应用前景。编者结合国家标准与规程以及多年的设计工作经验，整理成本书。全书共分 9 章，内容涵盖了铝合金结构概论、材料、连接、不同构件的设计与原理，铝合金空间网格结构设计，铝合金结构的制作与安装以及国内典型工程实例介绍。重点讲解了铝合金结构的特点、分类与应用、材料工作性能、连接计算与构造要求、基本构件的工作性能与设计方法，以及空间网格结构的整体设计和构件节点的设计方法。

　　本书可作为高等学校土木工程专业本科以及研究生的专业基础课教材，亦可供从事土木工程的工程技术人员参考。

　　为支持教学，本书作者制作了多媒体教学课件，选用此教材的教师可通过以下方式获取：
1. 邮箱：jckj@cabp.com.cn；2. 电话：（010）58337285。

责任编辑：赵　莉　吉万旺
责任校对：姜小莲

高等学校土木工程专业"十四五"系列教材
高等学校土木工程学科专业指导委员会规划教材
（按高等学校土木工程本科专业指南编写）
铝结构
刘红波　郭小农　欧阳元文　周　婷　主编
陈志华　张其林　主审

*

中国建筑工业出版社出版、发行（北京海淀三里河路 9 号）
各地新华书店、建筑书店经销
北京科地亚盟排版公司制版
北京同文印刷有限责任公司印刷

*

开本：787 毫米×1092 毫米　1/16　印张：14½　字数：282 千字
2024 年 8 月第一版　　2024 年 8 月第一次印刷
定价：**45.00** 元（赠教师课件）
ISBN 978-7-112-30012-9
（43123）

前　言

　　铝合金是一种新型工程结构材料，具有轻质高强、耐腐蚀性能好、韧性好、延展性好、可模性好等优点，且材料回收率可达 99％以上，是一种高效、环保的工程结构材料，在大型施工设备难以到达的南北极地、山区高原、沿海地区以及工业建筑、游泳馆等腐蚀环境中具有广阔的应用前景。

　　编者结合在编国家标准《铝合金结构技术标准》以及中国工程建设标准化协会标准《铝合金空间网格结构技术规程》T/CECS 634—2019 的编制工作以及多年来从事铝合金结构理论设计工作，从材料、构件节点及结构等方面，对铝合金结构设计原理部分进行了整理编写，为专业教学提供基础。

　　全书共分 9 章，包括铝合金结构概论、铝合金结构的材料、铝合金结构的连接、轴心受力构件的设计与原理、受弯构件的设计与原理、拉弯和压弯构件的设计与原理、铝合金空间网格结构设计、铝合金结构的制作与安装以及国内典型铝合金空间网格结构工程实例。主要讲述铝合金结构的特点和设计方法、分类与应用、铝合金结构材料的工作性能、连接计算与构造要求、基本构件（轴心受力构件、受弯构件和拉、压弯构件）工作性能与设计方法、铝合金空间网格结构中结构整体、构件与节点的构造与设计方法以及对国内典型铝合金结构实例进行了介绍。

　　本书在编写过程中，直接或间接地引用了所列参考文献中的部分内容，谨致谢意。

　　由于作者理论水平有限，本书难免存在不足之处，敬请读者批评指教。

目　　录

第 **1** 章

铝合金结构概论

【知识点】 铝合金结构的定义和特点，铝合金结构的分类，铝合金结构的设计基本要求，铝合金结构的设计方法，铝合金结构的应用以及铝合金结构的发展方向。

【重点】 铝合金结构的分类，铝合金结构的设计基本要求，铝合金结构的设计方法。

【难点】 铝合金结构的设计方法。

1.1 铝合金结构的定义和特点

铝合金结构是由铝合金型材、管材和板材通过节点连接而成的结构。铝合金结构和其他材料的结构相比具有以下特点：

（1）铝合金结构重量轻，强度相对较高

铝合金结构与钢结构相比自重较轻。结构的轻质性可以用材料的质量密度和强度的比值来衡量，比值越小，结构相对越轻。铝合金材料密度为 $2700kg/m^3$，仅为钢材的 1/3，而强度与钢材相近。建筑钢材的质量密度与强度比值约为 $(1.7\sim3.7)\times10^{-5}kg/(N\cdot m)$，建筑常用的 6061-T6 铝合金材料的比值则约为 $1.1\times10^{-5}kg/(N\cdot m)$，$7\times\times\times$ 系的热处理高强铝合金比值仅约为 $0.5\times10^{-5}kg/(N\cdot m)$。以跨度相同的结构承受相同的荷载，铝合金结构可减轻自重 20%～30%，对于跨度较大的空间网格结构，其自重甚至仅为钢结构的 1/3～1/2。轻盈的结构体系可以跨越更大的跨度，减轻了结构对底部支座的压力，降低了地基和基础部分的造价，且具有较好的抗震性能。

（2）铝合金结构耐腐蚀性强

部分牌号的建筑常用铝合金在空气中会发生钝化，形成致密的氧化铝保护层，避免并阻止了外界对其进一步腐蚀。钝化层对铝合金结构具有高度的保护作用，极大程度地提高了结构的耐腐蚀性。在铝合金结构的使用阶段可免维护，使用寿命较长，有良好的综合经济效益。适用于在一些腐蚀性较强的环境中服役的建筑结构，如游泳馆、化工行业和煤炭行业的厂房和仓库，以及海洋气候条件下的结构等。但铝合金的耐碱和耐酸性较差，当铝合金材料同其他会发生电化学腐蚀的金属材料或含酸性或碱性的非金属材料连接、接触或紧固时，应采用与两侧材料都相容的无孔材料把铝与其他材料隔离开，以避免发生电化学腐蚀。

（3）铝合金结构制作简单、施工工期短

铝合金的热挤压工艺可以提供任意截面形状的产品，为建筑设计提供极大的便利，加工准确度和精密度高。铝合金构件重量较轻，连接简单，安装和运输较为方便，施工装配式程度高，大大缩减了施工工期。由于其多采用机械连接，故易于加固、改建和拆迁。

（4）铝合金回收利用率高、节能环保

铝合金材料回收利用率高达 90% 以上，节约能源、环保性好。

（5）铝合金结构外形美观

铝合金结构造型较为丰富，外形美观，具有较好的装饰效果。铝合金轻质高强，故其构件截面较小，结构整体秀气且不臃肿。铝合金结构用于建筑结构时，其净洁的外观和流畅的线条给人以整洁优美感。

（6）弹性模量相对钢材较小

铝合金材料弹性模量约为钢材的1/3。因而对于铝合金结构而言，稳定性需给予足够关注。

（7）铝合金材料高温性能较差

温度升高后，铝合金材料的强度和弹性模量下降较快。铝合金在200℃时，强度明显下降；300℃时，强度降到常温条件下的50%以下；550℃时，强度和弹性模量基本丧失。铝合金材料的熔点在600～650℃。因此，铝合金结构的表面长期受辐射温度达到80℃以上时，应加隔热层或采取其他有效的保护措施，铝合金结构的正常使用环境温度应低于100℃。对需要防火的结构可采用有效的水喷淋系统进行防护或喷涂消防部门认可的防火材料。

（8）铝合金材料受焊接影响较大

在焊接热影响区除材料的各种力学性能指标急剧下降外，其表面氧化膜也会被损坏，此外焊接还会造成靠近焊接区域材料的热软化。因此，铝合金结构的连接节点主要采用机械连接。需焊接时，焊接工艺可采用熔化极惰性气体保护电弧焊（MIG焊）和钨极惰性气体保护电弧焊（TIG焊）。

（9）对缺陷敏感，抗疲劳性能需格外关注

铝合金对应力集中和裂纹比较敏感，经过固熔热处理、人工时效、挤压成型等处理后，铝合金构件的疲劳强度相对较低，抗疲劳能力较差。

1.2　铝合金结构的分类

随着我国国民经济的迅猛发展，结构的要求逐渐提高，铝合金结构凭借其轻质高强、耐腐蚀性好、结构形式多样等特点逐渐发展起来，并被广泛应用于建筑结构中。其中，主要应用于大跨度建筑结构中，包括铝合金网架结构、铝合金网壳结构、铝合金空间桁架结构、铝合金门式钢架结构等。同时在装配式框架结构、塔架中也有所应用。

1.2.1　铝合金空间网格结构

铝合金空间网格结构常采用的结构体系主要包括：①螺栓球节点体系；②毂式节点体系；③板式节点体系。本节针对上述三种结构体系进行介绍。

（1）螺栓球节点体系

螺栓球节点体系采用圆管及螺栓球节点进行连接，主要应用于铝合金网架或双层网壳结构中。节点连接示意图如图1-1所示，由球体、螺栓、套筒、紧固螺钉、封板或锥头以及杆件组成，与钢螺栓球节点连接的区别在于：钢螺栓球节点连接的杆件与封板或锥头通过焊接连接，而焊接会导致铝合金材料性能大幅度下降，因而铝合金螺栓球节点中杆件与封板间采用冷加工挤压连接。挤压连接加工方式如图1-2所示，封板的外缘设置若干环形槽，顶压件顶压内卡环，使内卡环在内锥孔内滑动；内卡环分成至少两片，片与片之间留有空隙，且设置有弹簧，在挤压过程中，内卡环各片之间的弹簧被压缩，直到将管件紧紧地挤压连接在封板上。该连接由中国建筑科学研究院有限公司提出，并由浙江东南网架股份有限公司结合国家500m口径球面射电望远镜铝合金背架结构（图1-3）对节点连接进行了改进，建立了专业的生产线，将其生产制造工业化和产品化。

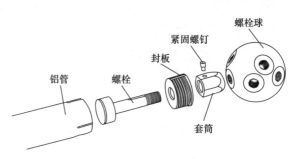

(a) 实物图　　　　　　　　　　　　　　　　(b) 示意图

图 1-1　铝合金螺栓球节点

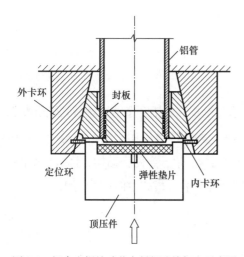

图 1-2　铝合金螺栓球节点封板连接加工示意图

图 1-3　铝合金螺栓球节点网架

（2）毂式节点体系

毂式节点体系采用两端经冲压的铝杆件及毂式节点进行连接，适用于平板网架、曲面网壳中，网格形式包括单层毂式节点网格、空腹式网格、局部加肋式网格和三角锥式网格（图1-5）。节点连接示意图如图1-4所示，由柱体、杆件嵌入件、盖板、螺杆等零件构成。毂式节点的柱状体上有冲压成型的嵌入槽，嵌入槽数量根据连接杆件的数量不同可为 6、8、12 个不等，其连接的杆件截面形式可为圆形或矩形，杆件端部使用特定设备进行直接压扁处理，形成与嵌入槽形状对应的凸状肋嵌入件。安装毂式节点时将凸状肋插入对应的柱状体嵌入槽后，将盖板放置在上下两侧，用一根通长螺栓穿过上下盖板中心及柱状体中心后拧紧固定。其优点包括安装方便、可以连接任意方向的杆件以及有效避免偏心的影响，但该体系也存在节点刚度尤其是平面内刚度较弱的问题。

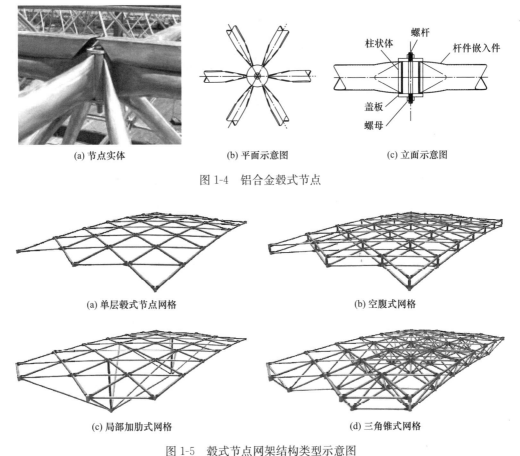

(a) 节点实体   (b) 平面示意图   (c) 立面示意图

图 1-4 铝合金毂式节点

(a) 单层毂式节点网格   (b) 空腹式网格

(c) 局部加肋式网格   (d) 三角锥式网格

图 1-5 毂式节点网架结构类型示意图

（3）板式节点体系

板式节点体系采用 H 型铝杆件及板式节点（泰姆科节点）进行连接，H 型铝杆件上下翼缘通过螺栓与圆盘盖板连接（图 1-6），传力可靠且便于施工。板式节点是美国 Temcor 公司的一项发明专利，并以其公司名称命名，常被应用于单层网壳结构或平板型铝合金栅格结构中。当应用于单层网壳（图 1-7）中时，网壳结构表面为球面或其他曲面形状，因此根据不同的造型需要，节点板的弧度、连接杆件根数、杆件间夹角均不相同，且上节点板直径一般略大于下节点板。而用于平板铝合金格栅结构中时，节点板为平面，不存在弧度。该体系通常适用于以轴向力为主或承受弯矩以及剪力作用较小的网格结构。该节点性能为半刚性，所有杆件的截面高度由于受节点形式的限制通常需保持一致，当结构存在较大局部受力或存在开口时，可采用双层泰姆科节点及双层 H 型杆件进行补强（图 1-6c）。

(a) 节点实体

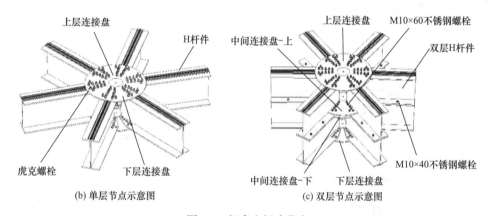

(b) 单层节点示意图　　　　(c) 双层节点示意图

图 1-6　铝合金板式节点

也可将板式节点用于双层网架（图 1-8）或网壳结构中，弦杆与节点板的连接与单层网壳结构中相同，腹杆需要在端部焊接端板，通过紧固件将端板与节点板连接。

图 1-7　铝合金板式节点单层网壳

图 1-8　双层网架结构

1.2.2 铝合金桁架结构

铝合金桁架结构主要包括榫栓节点（图1-9）、铝合金平面桁架结构（图1-11）和植板式节点（图1-10）、铝合金空间桁架结构（图1-12）。榫栓节点铝合金平面桁架结构和植板式节点铝合金空间桁架结构受力合理、构造简单、结构可靠、设计制作与施工方便。铝合金桁架体系可采用直线或曲线形式。

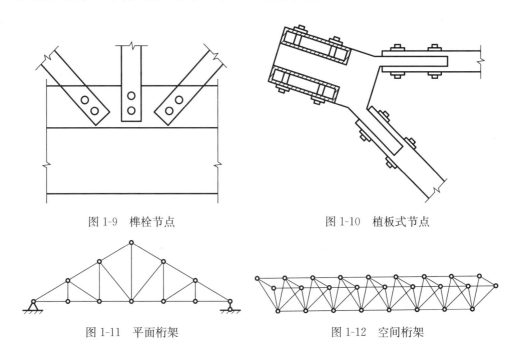

图1-9 榫栓节点   图1-10 植板式节点

图1-11 平面桁架   图1-12 空间桁架

1.2.3 铝合金门式刚架结构

铝合金门式刚架可采用单跨单层、单跨双层、局部夹层等形式。梁柱截面宜采用四孔矩形截面，型材内部可采用配套铝合金插芯加强，门式刚架常用截面如图1-13所示。

门式刚架屋檐节点可设置两块钢质外盖板进行连接（图1-14a）。屋脊节点可设置两侧外盖板（图1-14b），或采用V型铝合金插芯进行连接（图1-14c）。为增加屋檐和屋脊的刚度，可增设钢质屋檐斜撑和屋脊横撑。柱底宜与基础铰接。

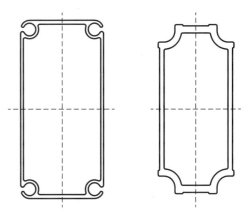

图1-13 门式刚架梁柱截面及插芯截面形式

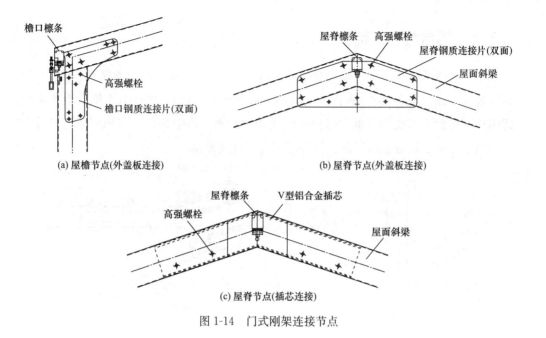

(a) 屋檐节点(外盖板连接)　　　　　(b) 屋脊节点(外盖板连接)

(c) 屋脊节点(插芯连接)

图 1-14　门式刚架连接节点

1.2.4　铝合金框架结构

　　铝合金框架结构可采用框架体系和框架支撑体系。框架结构梁柱节点的形式宜采用顶底角钢或角铝连接，在需要承受较大弯矩的结构中可在节点域增加连接腹板的角钢或角铝（对于承载力要求较低的结构，可以使用角铝作为连接件；对于承载力要求较高或应用于地震区的结构，宜采用不锈钢作为连接件材料），如图 1-15 所示。

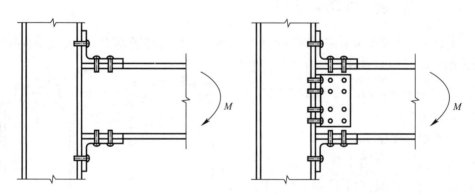

图 1-15　框架结构梁柱节点形式

1.2.5　铝合金塔架结构

　　铝合金塔架结构常用形式有三管塔架、角铝塔架和单管塔架等（图 1-16）。三管

第4章

轴心受力构件的设计与原理

【知识点】 构件的有效截面计算，轴心受力构件强度计算，轴心受力构件刚度计算，轴心受力构件失稳屈曲形式，初始缺陷对轴心受压构件承载力的影响，实际轴心受压构件极限承载力计算方法，轴心受力构件整体稳定计算。

【重点】 构件的有效截面计算，轴心受力构件强度计算，轴心受力构件刚度计算，轴心受力构件整体稳定计算。

【难点】 构件的有效截面计算，不同类别下轴心受力构件强度计算，轴心受力构件整体稳定系数计算。

轴心受力构件包括轴心受拉构件（轴心拉杆）和轴心受压构件（轴心压杆）两种。结构中轴心受力构件的应用十分广泛，如桁架、塔架和网架等结构体系中的杆件。

轴心受力构件的设计应同时满足承载力极限状态和正常使用极限状态的要求。轴心受拉构件的设计需分别进行强度和刚度的计算，轴心受压构件的设计需分别进行强度、整体稳定和刚度的计算，对于可能出现受压局部屈曲的薄壁构件，可利用板件的屈曲后强度，并在确定构件有效截面的基础上进行强度及整体稳定的验算。轴心受力构件的刚度需通过限制其长细比来保证。

4.1 构件的有效截面

当轴心受压构件的板件宽厚比过大，在压力作用下，过薄的板件将离开平面位置而发生凸曲现象，这种现象称为构件的局部失稳。

在除冷弯薄壁型钢以外的普通钢结构设计中，为保证构件整体破坏前不发生局部屈曲，对板件的宽厚比进行了限定，即不利用板件的屈曲后强度。但对于铝合金结构，材料弹性模量小，局部稳定问题较钢结构更为突出，若不考虑板件的屈曲后强度，需对板件的宽厚比进行更为严格的限定（约为钢板件宽厚比的1/2），据此设计得到的截面很不经济。此外，考虑到目前国内多数厂家提供的铝合金幕墙型材均较薄，不能满足上述宽厚比限制。因此，我国铝合金规范借鉴欧洲规范容许利用受压板件的屈曲后强度，并按有效截面法考虑局部屈曲对构件整体承载力的影响，以便更好地发挥材料性能。当对焊接铝合金构件进行设计时，则应同时考虑焊接热影响效应和板件局部失稳的影响，对截面进行折减后，进行强度及整体稳定的验算。

铝合金构件多为挤压型材，截面形状复杂，加劲形式多样，采用有效宽度法计算有效截面时涉及有效宽度在截面中如何分布的问题，这将导致计算更加复杂，所以我国铝合金规范采用有效厚度法计算铝合金构件的有效截面。另外，采用有效厚度法便于进行统一计算，因为板件有效厚度的概念既可以用于考虑局部屈曲的影响，也可以用于考虑焊接热影响效应。但是应该指出：对于非轴心受压构件，即使采用同样的有效截面折算系数 $\rho = t_e/t = b_e/b$（其中 t_e 与 b_e 表示板件的有效厚度与有效宽度，t 与 b 表示板件的实际厚度与宽度），由于按各自简化模型确定的截面中和轴位置和有效截面模量等参数有所不同，求得的截面承载力也会略有差异，如图4-1所示。经比较，按有效厚度法计算出的构件承载力略高于有效宽度法的计算结果，但两者均低于数值分析的结果。

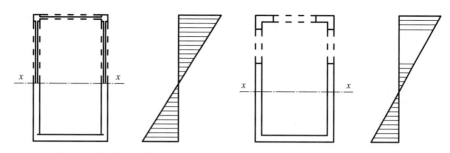

图 4-1　分别按有效厚度法（左）及有效宽度法（右）确定的有效截面

构件截面的板件类型如图 4-2 所示，根据板件约束条件的不同，分为非加劲板件、边缘加劲板件、加劲板件和中间加劲板件。

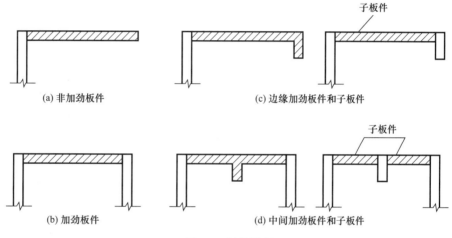

(a) 非加劲板件　　　　　　(c) 边缘加劲板件和子板件

(b) 加劲板件　　　　　　(d) 中间加劲板件和子板件

图 4-2　板件类型

4.1.1　受压板件的有效厚度

当构件截面中受压板件宽厚比小于表 4-1 的限值时，板件全截面有效。圆管截面的外径与壁厚之比不应超过表 4-2 给出的限值。

受压板件全部有效的最大宽厚比　　　　　　　表 4-1

合金热处理状态	加劲板件、中间加劲板件		非加劲板件、边缘加劲板件	
	非焊接	焊接	非焊接	焊接
T6 类	$21.5\varepsilon\sqrt{\eta k'}$	$17\varepsilon\sqrt{\eta k'}$	$7\varepsilon\sqrt{\eta k'}$	$5\varepsilon\sqrt{\eta k'}$
非 T6 类	$17\varepsilon\sqrt{\eta k'}$	$15\varepsilon\sqrt{\eta k'}$	$5.8\varepsilon\sqrt{\eta k'}$	$4\varepsilon\sqrt{\eta k'}$

注：1. 表中 $\varepsilon=\sqrt{240/f_{0.2}}$。
2. η 为加劲肋修正系数，按附录 B 采用，对于不带加劲肋的板件，$\eta=1$。
3. $k'=k/k_0$，其中 k 为不均匀受压情况下的板件局部稳定系数，应按附录 B 采用。对于均匀受压板件，$k_0=1.0$；对于加劲板件或中间加劲板件，$k_0=4$；对于非加劲板件或边缘加劲板件，$k_0=0.425$。

合金热处理状态	非焊接	焊接
T6 类	$50/(240/f_{0.2})$	$35/(240/f_{0.2})$
非 T6 类	$35/(240/f_{0.2})$	$25/(240/f_{0.2})$

上述限值主要受材料硬化性能、名义屈服强度、板件应力梯度、加劲肋形式的影响。

计算板件宽厚比时，板件宽度应采用板件净宽。板件净宽为扣除了相邻板件厚度和倒角尺寸后的剩余宽度，如图 4-3 所示。

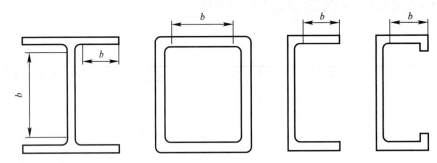

图 4-3　不同类型截面的板件净宽 b

当构件截面中受压板件宽厚比或径厚比大于表 4-1 和表 4-2 规定的限值时，加劲板件、非加劲板件、中间加劲板件及边缘加劲板件的有效厚度 t_e 应按下式计算：

$$\frac{t_e}{t} = \alpha_1 \frac{1}{\overline{\lambda}} - \alpha_2 \frac{0.22}{\overline{\lambda}^2} \leqslant 1 \tag{4-1}$$

对于非双轴对称截面中的非加劲板件或边缘加劲板件，例如槽形截面或 C 形截面的翼缘以及角形截面的外伸肢，t_e 除按公式（4-1）计算外，尚应满足：

$$\frac{t_e}{t} \leqslant \frac{1}{\overline{\lambda}^2} \tag{4-2}$$

式中　t_e——考虑局部屈曲的板件有效厚度；

　　　　t——板件厚度；

　α_1，α_2——计算系数，应按表 4-3 取值；

　　　$\overline{\lambda}$——板件的换算柔度系数，$\overline{\lambda} = \sqrt{f_{0.2}/\sigma_{cr}}$，$\sigma_{cr}$ 为受压板件的弹性临界屈曲应力。计算详见附录 B。

对于计算系数 α_1、α_2，起初我国主要根据国外研究成果并参照欧洲规范制定。随着我国近年来铝合金工程项目的广泛使用，并采用了截面高度为 500mm 甚至 550mm 高的大尺寸截面，因此国内学者进行了大量试验研究和数值分析，验证了原有公式的适用性，由此确定了计算系数 α_1、α_2 的取值。

计算系数 α_1、α_2 的取值   表 4-3

系数	合金热处理状态	加劲板件、中间加劲板件		非加劲板件、边缘加劲板件	
		非焊接	焊接	非焊接	焊接
α_1	T6 类	1.0	0.9	0.96	0.9
	非 T6 类	0.9	0.8	0.9	0.77
α_2	T6 类	1.0	0.9	1.0	0.9
	非 T6 类	0.9	0.7	0.9	0.68

4.1.2 焊接板件的有效厚度

对于焊接铝合金构件，应考虑热影响区内（图 4-4 中 b_{haz} 范围内）因材料强度降低造成的截面削弱，并应采用有效截面概念计算截面的削弱程度。此时通常采用假定热影响区内母材强度不变而折减厚度的方法考虑热影响区内的材料强度降低效应。

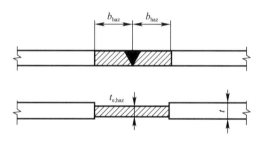

图 4-4   热影响区内板件的有效厚度

采用熔化极惰性气体保护电弧焊（MIG）和钨极惰性气体保护电弧焊（TIG）焊接连接的 6××× 系列热处理合金或 5××× 系列冷加工硬化合金，热影响区宽度 b_{haz} 应符合表 4-4 的规定。其中当板件端部距焊缝边缘长度小于 $3b_{haz}$ 时，热影响区扩展至板件尽端。

热影响区宽度 b_{haz} 表 4-4

退火温度（℃）	对于焊接件厚度（mm）	b_{haz}（mm）
	$t \leqslant 8$	30
$T \leqslant 60$	$8 < t \leqslant 16$	40
	$t > 16$	应根据硬度试验结果确定
	$t \leqslant 8$	30α
$60 < T \leqslant 120$	$8 < t \leqslant 16$	40α
	$t > 16$	应根据硬度试验结果确定

注：1. α 为参数；$\alpha = 1 + (T - 60)/120$。
    2. 表中 t 为焊接件的平均厚度。当焊接件厚度相差超过一倍时，b_{haz} 值应根据硬度试验结果确定。

焊接热影响区范围内板件的有效厚度应按下列公式计算：

当计算由强度设计值 f 控制时：

$$t_{e,haz} = \rho_{haz} t \tag{4-3}$$

当计算由极限抗拉强度设计值 f_u 控制时：

$$t_{e,haz} = \rho_{u,haz} t \tag{4-4}$$

式中　ρ_{haz}、$\rho_{u,haz}$——按附录 A 取值。

当铝合金构件存在短纵向焊缝、横向焊缝、斜焊缝、点焊、临时焊缝和焊缝群等局部焊接时，应进行由 f_u 控制并采用 $\rho_{u,haz}$ 计算有效厚度的局部焊接验算。但当连续的局部焊接热影响区范围在沿纵向（构件长度方向）的尺寸超过截面最小尺寸（如翼缘宽度）时，应进行改由 f 控制并用 ρ_{haz} 计算有效厚度的局部焊接验算。

4.1.3　有效截面的计算

在确定构件有效截面时，应按下述三种情况考虑：

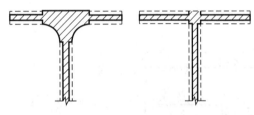

图 4-5　非焊接板件根部连接区域或
倒角部位的有效截面

（1）对于不满足表 4-1、表 4-2 宽厚比或径厚比限值的非焊接受压板件，应计算考虑局部屈曲影响的板件有效厚度 t_e，并在板件受压区范围内以有效厚度 t_e 取代板件厚度 t，但各板件根部连接区域或倒角部位应按全部有效处理，如图 4-5 所示；

（2）对于焊接受拉板件或满足表 4-1、表 4-2 宽厚比或径厚比限值的焊接受压板件，仅需按式（4-3）和式（4-4）计算有效厚度 $t_{e,haz}$，并在热影响区内以有效厚度 $t_{e,haz}$ 取代板件厚度 t；

（3）对于不满足表 4-1、表 4-2 宽厚比或径厚比限值的焊接受压板件，应同时考虑局部屈曲和热影响效应的影响：在非热影响区的受压区范围内以有效厚度 t_e 取代板件厚度 t；在受拉区范围的热影响区内以有效厚度 $t_{e,haz}$ 取代板件厚度 t；在受压区范围的热影响区内以有效厚度 $t_{e,haz}$ 和有效厚度 t_e 中的较小值取代板件厚度 t，如图 4-6 所示。

计算轴压构件的有效截面时，构件全截面受压（如图 4-7 所示），仅需按照上述三种情况对各板件的有效厚度进行计算。计算受弯构件及压弯构件时，则应对构件的受压区域按照上述三种情况对各板件的有效厚度进行计算，对受拉区仅考虑焊接热影响效应进行有效厚度计算。

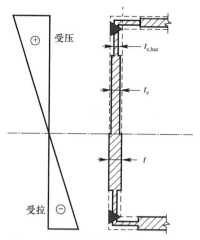

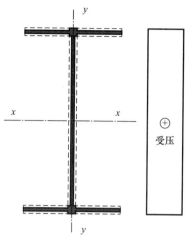

图 4-6　同时考虑局部屈曲和热影响　　　　图 4-7　轴压构件有效截面的计算

效应的板件有效厚度　　　　　　（x-x 为根据有效截面确定的中和轴）

4.2　轴心受力构件的强度和刚度

4.2.1　轴心受力构件强度计算

对于承受简单拉力的构件，当出现以下情形时，可以认为构件达到承载能力极限状态：

（1）当面积为 A 的构件横截面上的应力达到设计强度时；

（2）在螺孔处的净面积或在焊接连接的折算强度区域发生破坏时。

1. 轴心受力构件的强度计算

针对前述情况，为保证构件在轴心拉力作用下不发生强度破坏，应满足：

毛截面：

$$\frac{N}{A_e f} \leqslant 1.0 \tag{4-5}$$

净截面：

$$\frac{N}{0.9 A_{en} f_{u,d}} \leqslant 1.0 \tag{4-6}$$

局部焊接截面：

$$\frac{N}{A_{u,e} f_{u,d}} \leqslant 1.0 \tag{4-7}$$

式中　N——轴心拉力设计值（N）；

A_e——有效毛截面面积（mm^2），对于受拉构件仅考虑通长焊接影响，对于受压构件应同时考虑局部屈曲和通长焊接的影响，在考虑焊接影响时应

使用 ρ_{haz} 计算有效厚度，若无局部屈曲和焊接时，$A_e=A$；

f——铝合金材料的名义屈服强度设计值（N/mm²）；

0.9——系数，考虑了受拉时孔洞处应力分布不均匀的不利影响；

A_{en}——有效净截面面积（mm²），应同时考虑孔洞及其所在截面处焊接的影响，在考虑焊接影响时应使用 $\rho_{\text{u,haz}}$ 计算有效厚度；

$f_{\text{u,d}}$——铝合金材料的极限抗拉强度设计值（N/mm²）；

$A_{\text{u,e}}$——有效焊接截面面积（mm²），对于受拉构件仅考虑局部焊接及其所在截面处可能存在的通长焊接的影响，对于受压构件应同时考虑局部焊接及其所在截面处可能存在的局部屈曲和通长焊接的影响，在考虑焊接影响时应使用 $\rho_{\text{u,haz}}$ 计算有效厚度。

当连续的局部焊接热影响区范围在沿纵向（构件长度方向）超过截面最小尺寸（如翼缘宽度）时，应改由 f 控制并用 ρ_{haz} 计算有效厚度截面的整体屈服验算，即式（4-7）变形为 $N/A_{\text{u,e}}f \leqslant 1.0$，且 $A_{\text{u,e}}$ 在考虑焊接影响时应使用 ρ_{haz} 计算有效厚度。

采用高强度螺栓摩擦型连接的构件，其截面强度除按式（4-5）及式（4-7）计算外，尚应满足：

$$\left(1-0.5\frac{n_1}{n}\right)\frac{N}{0.9A_{\text{en}}f_{\text{u,d}}} \leqslant 1.0 \tag{4-8}$$

式中 n——在节点或拼接处，构件一端连接的高强度螺栓数目；

n_1——所计算截面（最外列螺栓处）高强度螺栓数目。

当构件为沿全长都排列较密螺栓的组合构件时，应由净截面屈服控制，以免构件出现过大变形，此时强度除按式（4-6）及式（4-7）计算外，还应满足：

$$\frac{N}{A_{\text{en}}f} \leqslant 1.0 \tag{4-9}$$

2. 轴心受拉构件

对轴心受拉杆件进行强度验算时，若存在孔洞或焊缝，均应考虑其对强度的影响，不同类别下的轴拉强度验算内容汇总于表 4-5 中。

不同类别下的轴拉强度　　　　　　　　　　　表 4-5

类别	基本	孔	通长焊接	孔＋通长焊接
轴拉强度	Af	取 $0.9A_n f_{\text{u,d}}$ 与 Af 的较小值	$A_e f$	取 $0.9A_n f_{\text{u,d}}$ 与 $A_e f$ 的较小值
类别	局部焊接	局部焊接＋通长焊接	孔＋局部焊接	孔＋局部焊接＋通长焊接
轴拉强度	取 $A_{\text{u,e}} f_{\text{u,d}}$ 与 Af 的较小值	取 $A_{\text{u,e}} f_{\text{u,d}}$ 与 $A_e f$ 的较小值	取 $0.9A_{\text{en}} f_{\text{u,d}}$、$A_{\text{u,e}} f_{\text{u,d}}$ 与 Af 的较小值	取 $0.9A_{\text{en}} f_{\text{u,d}}$、$A_{\text{u,e}} f_{\text{u,d}}$ 与 $A_e f$ 的较小值

注：表中的"＋"指几种情况同时出现在构件上，而非一定出现在同一截面上。

在同一截面处同时考虑孔洞及其所在截面处焊接的影响时，应在有效截面的基础上扣除孔洞截面。

3. 轴心受压构件

对轴心受压构件，进行强度验算同样需要对毛截面进行设计强度验算，对含有孔洞的净截面以及焊接折算截面进行验算。其强度验算应满足式（4-5）及式（4-7）的要求，但对含有孔洞的受压构件进行净截面强度验算时，式（4-6）应改用式（4-10）进行验算，即不考虑孔洞处应力不均匀分布的不利影响：

$$\frac{N}{A_{en} f_{u,d}} \leqslant 1.0 \tag{4-10}$$

不同类别下的轴压强度验算内容汇总于表 4-6 中。

不同类别下的轴压强度 表 4-6

类别	基本	孔	通长焊接	孔＋通长焊接
轴压强度	Af	取 $A_n f_{u,d}$ 与 Af 的较小值	$A_e f$	取 $A_{en} f_{u,d}$ 与 $A_e f$ 的较小值
类别	局部焊接	局部焊接＋通长焊接	孔＋局部焊接	孔＋局部焊接＋通长焊接
轴压强度	取 $A_{u,e} f_{u,d}$ 与 Af 的较小值	取 $A_{u,e} f_{u,d}$ 与 $A_e f$ 的较小值	取 $A_{en} f_{u,d}$、$A_{u,e} f_{u,d}$ 与 Af 的较小值	取 $A_{en} f_{u,d}$、$A_{u,e} f_{u,d}$ 与 $A_e f$ 的较小值
类别	局部屈曲	局部屈曲＋通长焊接	孔＋局部屈曲	孔＋局部屈曲＋通长焊接
轴压强度	$A_e f$	$A_e f$	取 $A_n f_{u,d}$ 与 $A_e f$ 的较小值	取 $A_n f_{u,d}$ 与 $A_e f$ 的较小值
类别	局部焊接＋局部屈曲	局部焊接＋局部屈曲＋通长焊接	孔＋局部焊接＋局部屈曲	孔＋局部焊接＋局部屈曲＋通长焊接
轴压强度	取 $A_{u,e} f_{u,d}$ 与 $A_e f$ 的较小值	取 $A_{u,e} f_{u,d}$ 与 $A_e f$ 的较小值	取 $A_{en} f_{u,d}$、$A_{u,e} f_{u,d}$ 与 $A_e f$ 的较小值	取 $A_{en} f_{u,d}$、$A_{u,e} f_{u,d}$ 与 $A_e f$ 的较小值

注：表中的"＋"指几种情况同时出现在构件上，而非一定出现在同一截面上。

4. 连接处的截面效率

轴心受拉构件和轴心受压构件，当其组成板件在节点或拼接处并非全部直接传力时，为考虑杆端非全部直接传力造成的剪切滞后和截面上正应力分布不均匀的影响，应将危险截面的面积乘以有效截面系数 η，不同构件截面形式和连接方式的 η 值应符合表 4-7 的规定。

轴心受力构件节点或拼接处危险截面有效截面系数 表 4-7

构件截面形式	连接形式	η	图例
角钢	单边连接	0.85	

构件截面形式	连接形式	η	图例
工字形、H形	仅翼缘连接	0.90	
	仅腹板连接	0.70	

4.2.2　轴心受力构件刚度

为满足结构的正常使用要求，轴心受力构件应具有一定的刚度，以保证构件不会在运输和安装过程中产生过大的变形，不会在使用期间因自重产生明显下挠，也不会在动力荷载作用下发生较大的振动。对于轴心受压构件，刚度过小还会显著降低其极限承载力。

轴心受力构件的刚度是以限制其长细比来保证的，即：

$$\lambda = \frac{l_0}{i} \leqslant [\lambda] \tag{4-11}$$

式中　λ——构件的长细比；

l_0——构件的计算长度；

i——截面对应于屈曲轴的回转半径，$i = \sqrt{I/A}$；

$[\lambda]$——构件的容许长细比。

《铝合金标准》根据构件的重要性和荷载情况，分别规定了轴心受拉和轴心受压构件的容许长细比，分别列于表4-8和表4-9中。

受拉构件的容许长细比　　　　　　　　　表4-8

序号	构件名称	一般建筑结构（承受静力荷载）
1	网壳构件、网架、桁架支座附近构件	300
2	门式刚架、框架、网架、桁架、塔架中杆件	350
3	其他拉杆、支撑、系杆等	400

注：1. 承受静力荷载的结构中，可仅计算受拉构件在竖向平面内的长细比。
　　2. 受拉构件在永久荷载与风荷载组合下受压时，其长细比不宜超过250。
　　3. 跨度等于或大于60m、承受静力荷载的桁架，其受拉弦杆和腹杆的长细比不宜超过300。

受压构件的容许长细比 表 4-9

序号	构件名称	容许长细比
1	网架和网壳构件、框架柱、塔架、桁架弦杆、柱子缀条	150
2	门式刚架柱	180
3	框架、塔架、桁架支撑等	200
4	门式刚架支撑	220

注：1. 桁架（包括空间桁架）的受压腹杆，当其内力等于或小于承载能力的 50%时，容许长细比值可取 200。

2. 计算单角铝受压构件的长细比时，应采用角铝的最小回转半径，但计算在交叉点相互连接的交叉杆件平面外的长细比时，可采用与角铝肢边平行轴的回转半径。

3. 跨度等于或大于 60m 的桁架，其受压弦杆和端压杆的容许长细比宜取 100，其他承受静力荷载的受压腹杆可取 150。

4. 由容许长细比控制截面的杆件，在计算其长细比时，可不考虑扭转效应。

【例题 4-1】 如图 4-8 所示的铝合金网架杆件，杆件截面为 H100×50×4×5，杆长为 1.5m，材料为 6061-T6 铝合金，杆件承受轴心压力荷载 20kN，试验算杆件的强度及刚度是否满足要求。

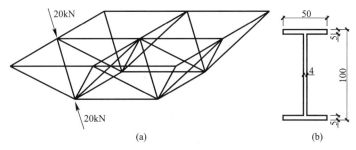

图 4-8 例题 4-1 附图（单位：mm）

【解】 验算板件宽厚比，腹板宽厚比为 $(100-2\times5)/4=22.5>21.5\varepsilon\sqrt{\eta k'}=21.5$，翼缘宽厚比为 $(50-4)/(2\times5)=4.6<7\varepsilon\sqrt{\eta k'}=7$。应对腹板进行厚度折减。

腹板的弹性临界屈曲应力：

$$\sigma_{cr}=\frac{k\pi^2 E}{12(1-\upsilon^2)\cdot(b/t)^2}=\frac{4\times3.14^2\times70000}{12\times(1-0.3^2)\times(90/4)^2}=499.38\text{MPa}$$

腹板的换算柔度系数：

$$\overline{\lambda}=\sqrt{f_{0.2}/\sigma_{cr}}=\sqrt{240/499.38}=0.693$$

腹板有效厚度为：

$$t_e=t\left(\alpha_1\frac{1}{\overline{\lambda}}-\alpha_2\frac{0.22}{\overline{\lambda}^2}\right)=4\times\left(1\times\frac{1}{0.693}-1\times\frac{0.22}{0.693^2}\right)=3.93\text{mm}$$

截面几何特性：

$$A_e=2\times50\times5+90\times3.93=853.7\text{mm}^2$$

$$I_{ex}=\frac{1}{12}(50\times100^3-46\times90^3)=1.372\times10^6\text{mm}^4$$

$$I_{ey} = \frac{1}{12}(90 \times 4^3 + 2 \times 5 \times 50^3) = 1.046 \times 10^5 \, \text{mm}^4$$

对受压杆件进行截面强度验算：

$$\frac{N}{A_e f} = \frac{20 \times 10^3}{853.7 \times 200} = 0.117 < 1$$

对于网架杆件，网架两端约束可假定为铰接，其计算长度为杆件长度。对受压杆件进行刚度验算：

$$\lambda_x = \frac{l_0}{\sqrt{I_{ex}/A_e}} = \frac{1500}{\sqrt{1.372 \times 10^6 / 853.7}} = 37.55 \leqslant [\lambda] = 150$$

$$\lambda_y = \frac{l_0}{\sqrt{I_{ey}/A_e}} = \frac{1500}{\sqrt{1.046 \times 10^5 / 853.7}} = 135.98 \leqslant [\lambda] = 150$$

杆件的强度、刚度均满足设计要求。

4.3　轴心受压构件整体稳定性

4.3.1　理想轴心受压构件的屈曲临界力

理想轴心受压构件就是假设构件完全挺直，荷载沿构件形心轴作用，在受荷之前构件无初始应力、初弯曲和初偏心等缺陷，截面沿构件是均匀的。当压力达到某临界值时，理想轴心受压构件可能以三种屈曲形式丧失稳定（图4-9）。

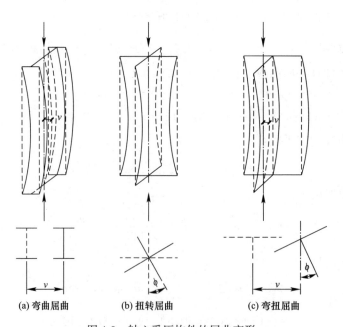

(a) 弯曲屈曲　　　(b) 扭转屈曲　　　(c) 弯扭屈曲

图4-9　轴心受压构件的屈曲变形

1. 弯曲屈曲

构件的截面只绕一个主轴旋转，构件的纵轴由直线变为曲线，这是双轴对称截面构件最常见的屈曲形式。

根据两端铰接的等截面理想轴心受压构件，建立变形方程并代入边界条件，只考虑弯曲变形可得到欧拉临界力公式：

$$N_{\mathrm{E}} = \frac{\pi^2 EI}{l^2} = \frac{\pi^2 EA}{\lambda^2} \tag{4-12}$$

$$\sigma_{\mathrm{E}} = \frac{\pi^2 E}{\lambda^2} \tag{4-13}$$

式中　l——杆长；

E——材料的弹性模量；

A、I——杆件的截面面积和惯性矩；

λ——杆件长细比。

对任意端部支承条件的杆件，可引入计算长度的概念将两端非铰接的杆件转换为等效的两端铰接杆件：

$$N_{\mathrm{E}} = \frac{\pi^2 EI}{(\mu l)^2} = \frac{\pi^2 EI}{l_0^2} \tag{4-14}$$

式中　l_0——计算长度，$l_0 = \mu l$；

μ——计算长度系数。

2. 扭转屈曲

失稳时构件在轴心压力作用下，除可能绕主轴弯曲外，除支承端外的各截面还可能绕纵轴扭转。

根据弹性屈曲理论可推导得到扭转屈曲临界力为：

$$N_{\omega} = \frac{1}{i_0^2} \left(\frac{\pi^2 EI_{\omega}}{l_{\omega}^2} + GI_{\mathrm{t}} \right) \tag{4-15}$$

式中　l_{ω}——计算长度，$l_{\omega} = \mu l_0$；

G——材料的剪变模量；

I_{ω}——截面的扇性惯性矩（翘曲常数）；

I_{t}——截面的抗扭惯性矩（扭转常数）。

i_0——截面对剪心的极回转半径（mm），应按下式计算：

$$i_0 = \sqrt{i_{\mathrm{x}}^2 + i_{\mathrm{y}}^2 + x_0^2 + y_0^2} \tag{4-16}$$

i_{x}，i_{y}——构件毛截面对其主轴 x 轴和 y 轴的回转半径（mm）；

x_0，y_0——截面剪心坐标（mm）。

3. 弯扭屈曲

单轴对称截面构件绕对称轴屈曲时，在发生弯曲变形的同时必然伴随着扭转。

根据构件在微弯和微扭两个状态下的平衡方程，可推导得到关于弯扭屈曲临界力的计算方程：

$$N_{\mathrm{Ey}\omega} = \frac{(N_{\mathrm{Ey}} + N_{\omega}) - \sqrt{(N_{\mathrm{Ey}} + N_{\omega})^2 - 4N_{\mathrm{Ey}}N_{\omega}[1 - (y_0/i_0)^2]}}{2[1 - (y_0/i_0)^2]} N_{\mathrm{Ey}} \quad (4\text{-}17)$$

式中　N_{Ey}——构件对 y 轴（对称轴）的屈曲临界力。

无对称轴截面轴压构件的弯扭屈曲临界力 $N_{\mathrm{Exy}\omega}$ 按下式计算：

$$(N_{\mathrm{Ex}} - N_{\mathrm{Exy}\omega})(N_{\mathrm{Ey}} - N_{\mathrm{Exy}\omega})(N_{\mathrm{E}\omega} - N_{\mathrm{Exy}\omega}) - N_{\mathrm{Exy}\omega}^2 (N_{\mathrm{Ex}} - N_{\mathrm{Exy}\omega})\left(\frac{y_0}{i_0}\right)^2$$

$$- N_{\mathrm{Exy}\omega}^2 (N_{\mathrm{Ey}} - N_{\mathrm{Exy}\omega})\left(\frac{x_0}{i_0}\right)^2 = 0$$

$$(4\text{-}18)$$

式中　N_{Ex}——构件对 x 轴的屈曲临界力。

4.3.2　初始缺陷对轴心受压构件承载力的影响

上述屈曲临界力计算方法仅针对理想轴心受压构件，实际工程中的构件不可避免地存在几何缺陷与力学缺陷，这将降低轴心受压构件的稳定承载力。

1. 几何缺陷

构件的几何缺陷包括初始弯曲（图 4-10）及初始偏心（图 4-11）。

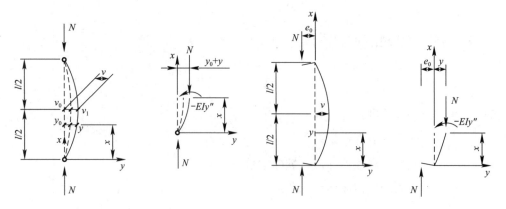

图 4-10　具有初始弯曲的轴心压杆　　　图 4-11　具有初始偏心的压杆

（1）初始弯曲

初始弯曲指构件在未受力前即呈微弯曲状态。具有初弯曲的压杆在压力一开始作用时杆件即产生挠曲，并随着荷载的增大而增加，加载初期挠度增加较为缓慢，随后迅速增长，当压力接近欧拉临界力时杆件中点挠度趋于无穷大。即使具有很小的初弯曲，杆件的轴心受压承载力也总是低于欧拉临界力，并且初弯曲值越大，杆件承载力越低，相同压力作用下挠度越大。

假定杆件初始弯曲及变形均沿杆件全长呈正弦曲线分布，定义 $N_E = \pi^2 EI/l^2$，具有初始弯曲的弹性杆件，其构件中点的挠度与轴力之间存在如下关系：

$$v = \frac{1}{1 - N/N_E} v_0 \qquad (4\text{-}19)$$

由于杆件并非无限弹性体，当压力增加至一定程度时，其跨中截面的边缘纤维会开始屈服，随后塑性区不断增加，直至杆件丧失承载能力。

采用边缘屈服准则时，对于具有初始弯曲 v_0 的轴心受压杆件，当跨中截面边缘纤维刚刚屈服时，构件的平均应力可采用下式计算：

$$\sigma_y = \frac{f_y + (1 + \varepsilon_0)\sigma_E}{2} - \sqrt{\left[\frac{f_y + (1 + \varepsilon_0)\sigma_E}{2}\right]^2 - f_y \sigma_E} \qquad (4\text{-}20)$$

式中　ε_0——初始弯曲率，$\varepsilon_0 = v_0 A / W$，$W$ 为截面模量；

　　　σ_y——跨中截面边缘纤维刚刚屈服时，构件截面上的平均应力，$\sigma_y = N/A$。

上式称为柏利（Perry）公式。

铝合金型材在挤压过程中采用了较为严格的牵引作业，初始弯曲一般较小，我国《铝合金建筑型材　第 1 部分：基材》GB/T 5237.1—2017 中规定高精级建筑型材，当其截面外接圆直径大于 38mm 时初始弯曲应小于构件长度的 0.8/1000。我国《钢结构设计标准》GB 50017—2017 中规定进行直接分析设计时，应按不小于 1/1000 的出厂加工精度考虑构件的初弯曲，在铝合金标准中尚无相关规定，但国内外学者进行研究时通常取杆件长度的 1/1000 这一值。

（2）初始偏心

初始偏心主要由型材截面的尺寸偏差或安装误差造成的。

具有初始偏心 e_0 的杆件中点挠度为：

$$v = e_0 \left[\sec\left(\frac{\pi}{2}\sqrt{\frac{N}{N_E}}\right) - 1\right] \qquad (4\text{-}21)$$

具有初始偏心的轴心受压构件，杆件受力后的挠度变化特点与初弯曲杆件的特点相同。我国《铝合金建筑型材　第 1 部分：基材》GB/T 5237.1—2017 就高精级建筑型材的截面尺寸容许公差进行了规定：当构件截面尺寸大于 100mm 时，其截面尺寸的容许公差约为 0.75%，构件截面壁板的厚度为 6~25mm 时，其厚度容许公差约为 1.5%。而构件的安装误差通常没有明显的规律，要准确考虑这一因素较为困难。

我国《铝合金标准》中基于大量试验拟合得到轴心受压杆件稳定系数，综合考虑各方面因素的影响，其中引入了系数 η 以考虑构件的几何缺陷。

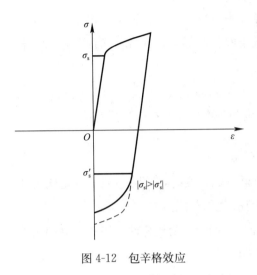

图 4-12 包辛格效应

2. 力学缺陷

力学缺陷主要包括残余应力、力学性能分布不均匀和包辛格效应（图 4-12）。

欧洲建筑钢结构协会（ECCS）的研究表明，铝合金挤压型材中残余应力一般小于 20MPa，在计算杆件轴压力学性能时可忽略其影响。对于需焊接的构件，其残余应力对杆件承载能力的降低影响较钢杆件低，但仍不能忽略，应通过试验手段测定其幅值并在稳定性验算中加以考虑。

铝合金挤压型材中，杆件截面中各点的力学性能相对均匀，最大仅相差百分之几，可忽略其影响。而对于焊接构件，焊接会造成热影响区内材料力学性能的下降，由此产生的对杆件稳定性能的影响应充分考虑。

在金属塑性加工过程中正向加载引起的塑性应变强化导致金属材料在随后的反向加载过程中呈现塑性应变软化（屈服极限降低）的现象，称之为包辛格效应。铝合金挤压型材在加工时会采用"牵引机"进行矫直，使其初始弯曲小于限值，这一过程将导致杆件产生较大塑性变形（1%～3%）。牵引过程能够有效减小杆件的初弯曲，降低杆件残余应力，对于提高杆件稳定承载力起到有利作用。但所产生塑性变形的包辛格效应将会降低杆件的稳定承载力。综合考虑这两方面因素，ECCS 建议不考虑该效应，各国规范也采用了这种处理方法。仅美国规范针对抗压与抗拉采用了不同的弹性极限，但对于 6×××系铝合金，其抗拉与抗压弹性极限完全相等。

4.3.3 实际轴心受压构件的极限承载力

对于实际轴心受压杆件，其承载力计算准则包括边缘屈服准则以及最大强度准则。边缘屈服准则以杆件挠度最大处截面边缘发生屈服为判定条件。但对于极限状态设计，当构件截面边缘发生屈服后，压力还可进一步增加，构件截面塑性区不断扩大，直至杆件的抵抗力开始小于外力作用，此时杆件所达到的最大承载力，即为杆件的真正极限承载力，以此准则得到的压杆的稳定承载力，称为最大强度准则。采用最大强度准则计算时，考虑缺陷对于杆件的影响很难得到明确的解析式。

我国《铝合金标准》中基于最大强度准则通过大量试验结果反算稳定系数，采用 Perry-Roberson 公式进行拟合，得到轴心受压构件的整体稳定系数计算公式，以综合考虑各因素的影响，从而对实际杆件的极限承载力进行计算。图 4-13 为我国铝合金规范、欧标柱子曲线与试验值的对比情况，结果吻合较好。

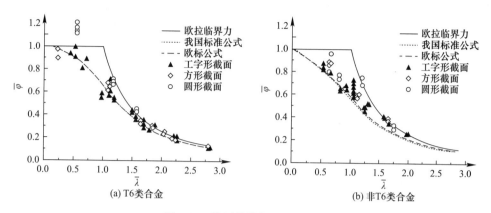

图 4-13　柱子曲线与试验值比较

4.3.4　轴心受压构件的整体稳定计算

在进行铝合金杆件轴心受压整体稳定计算时，采用轴心受压构件整体稳定系数 φ 综合考虑各方面因素的影响。轴心受压构件的应力不应大于整体稳定的临界应力，考虑抗力分项系数 γ_R：

$$\sigma = \frac{N}{A} \leqslant \frac{\sigma_{cr}}{\gamma_R} = \frac{\sigma_{cr}}{f_y} \frac{f_y}{\gamma_R} = \varphi f \tag{4-22}$$

进一步引入系数考虑焊接的影响及截面非对称性的影响，实腹式轴心受压构件的稳定性计算公式为：

$$\frac{N}{\eta_{as} \eta_{haz} \varphi A_e f} \leqslant 1.0 \tag{4-23}$$

式中　φ——轴心受压构件的稳定系数（取截面各主轴稳定系数中的较小者）；

A_e——有效毛截面面积（mm^2），应同时考虑局部屈曲和通长焊接的影响，在考虑焊接影响时应使用 ρ_{haz} 计算有效厚度，若无局部屈曲和焊接时，$A_e = A$；

η_{haz}——通长焊接影响系数，按表 4-10 取用；无焊接时，$\eta_{haz} = 1$；发生扭转失稳或弯扭失稳时，$\eta_{haz} = 1$；

η_{as}——截面非对称性系数，按表 4-10 取用；构件为双轴对称截面时，$\eta_{as} = 1$；发生扭转失稳或弯扭失稳时，$\eta_{as} = 1$；等边角形截面构件发生绕非对称轴弯曲失稳时，$\eta_{as} = 1$；该系数考虑了不对称程度对单轴对称截面受压构件弯曲稳定承载力的影响，通过大规模参数分析回归获得，并与试验结果吻合良好。

系数	T6 类合金	非 T6 类合金
η_{haz}	$\eta_{haz}=1-\left(1-\dfrac{A_1}{A}\right)10^{-\bar{\lambda}}-\left(0.05+0.1\dfrac{A_1}{A}\right)\bar{\lambda}^{1.3(1-\bar{\lambda})}$ 其中 $A_1=A-A_{haz}(1-\rho_{haz})$，$A_{haz}$ 为焊接热影响区面积	当 $\bar{\lambda}\leqslant0.2$ 时：$\eta_{haz}=1$ 当 $\bar{\lambda}>0.2$ 时：$\eta_{haz}=1+0.04(4\bar{\lambda})^{(0.5-\bar{\lambda})}-0.22\bar{\lambda}^{1.4(1-\bar{\lambda})}$
η_{as}	$\eta_{as}=1-2.4\psi^2\dfrac{\bar{\lambda}^2}{(1+\bar{\lambda}^2)(1+\bar{\lambda})^2}$	$\eta_{as}=1-3.4\psi^2\dfrac{\bar{\lambda}^2}{(1+\bar{\lambda}^2)(1+\bar{\lambda})^2}$
	$\psi=\dfrac{y_{max}-y_{min}}{h}$，其中 y_{max} 及 y_{min} 为截面最外边缘到截面形心的距离，$y_{max}\geqslant y_{min}$；h 为截面高度，$h=y_{max}+y_{min}$	

注：表中 $\bar{\lambda}$ 为相对长细比。

轴心受压构件的稳定系数 φ 的计算需要考虑较多因素的影响，根据大量试验结果进行拟合，得到计算公式如下：

$$\varphi=\frac{1+\eta+\bar{\lambda}^2}{2\bar{\lambda}^2}-\sqrt{\left(\frac{1+\eta+\bar{\lambda}^2}{2\bar{\lambda}^2}\right)^2-\frac{1}{\bar{\lambda}^2}} \tag{4-24}$$

式中　η——构件的几何缺陷系数，应按下式计算：

$$\eta=\alpha(\bar{\lambda}-\bar{\lambda}_0)$$

对于 T6 类合金：$\alpha=0.22$，$\bar{\lambda}_0=0.15$；

对于非 T6 类合金：$\alpha=0.35$，$\bar{\lambda}_0=0.05$；

　　$\bar{\lambda}$——相对长细比，应按下式计算：

$$\bar{\lambda}=\sqrt{\frac{A_e f_{0.2}}{N_{cr}}} \tag{4-25}$$

　　A_e——构件的毛截面面积；

　　N_{cr}——基于毛截面的欧拉临界力。

对于存在局部焊接的构件，除应按式（4-23）计算外，尚应按下式计算：

$$\frac{N}{\varphi_{haz}A_{u,e}f_{u,d}}\leqslant1.0 \tag{4-26}$$

式中　$A_{u,e}$——有效焊接截面面积，应同时考虑局部焊接及其所在截面处可能存在的局部屈曲和通长焊接的影响，在考虑焊接影响时应使用 $\rho_{u,haz}$ 计算有效厚度，并符合相关规定；当连续的局部焊接热影响区范围在沿纵向（构件长度方向）超过截面最小尺寸（如翼缘宽度）时，应改由 f 控制并用 ρ_{haz} 计算有效厚度的整体屈服验算，即公式（4-23）变形为 $N/\varphi_{haz}A_{u,e}f\leqslant1.0$，且 $A_{u,e}$ 在考虑焊接影响时应使用 ρ_{haz} 计算有效厚度；

φ_{haz}——局部焊接稳定系数（取截面两主轴稳定系数中的较小者），应按下式计算：

$$\varphi_{haz}=\frac{1+\eta+\overline{\lambda}_{haz}^{2}}{2\overline{\lambda}_{haz}^{2}}-\sqrt{\left(\frac{1+\eta+\overline{\lambda}_{haz}^{2}}{2\overline{\lambda}_{haz}^{2}}\right)^{2}-\frac{1}{\overline{\lambda}_{haz}^{2}}} \tag{4-27}$$

$\overline{\lambda}_{haz}$——局部焊接相对长细比，应按下式计算：

$$\overline{\lambda}_{haz}=\sqrt{\frac{A_{u,e}f_{u}}{N_{cr}}} \tag{4-28}$$

$A_{u,e}$——有效焊接截面面积；

N_{cr}——基于毛截面的欧拉临界力；

f_{u}——铝合金材料的极限抗拉强度最小值。

对于双轴对称十字形截面构件，计算时应采用扭转屈曲临界力与欧拉临界力相等得到的换算（局部焊接）相对长细比代替（局部焊接）相对长细比代入（局部焊接）稳定系数计算公式中，即将式（4-25）及式（4-28）中的 N_{cr} 采用 N_{ω} 进行替换：

$$\overline{\lambda}_{\omega}=\sqrt{\frac{A_{e}f_{0.2}}{N_{\omega}}} \tag{4-29}$$

$$\overline{\lambda}_{\omega,haz}=\sqrt{\frac{A_{u,e}f_{u}}{N_{\omega}}} \tag{4-30}$$

对于单轴对称截面的轴心受压构件，对非对称轴的相对长细比仍应按式（4-25）计算（或局部焊接下按式 4-28），但对对称轴应取计扭转效应的下列换算（局部焊接）相对长细比代替（局部焊接）相对长细比：

$$\overline{\lambda}_{y\omega}=\sqrt{\frac{A_{e}f_{0.2}}{N_{y\omega}}} \tag{4-31}$$

$$\overline{\lambda}_{y\omega,haz}=\sqrt{\frac{A_{u,e}f_{u}}{N_{y\omega}}} \tag{4-32}$$

对于无对称轴截面的轴心受压构件，同样采用弯扭屈曲力与欧拉临界力相等得到的换算（局部焊接）相对长细比代替（局部焊接）相对长细比：

$$\overline{\lambda}_{xy\omega}=\sqrt{\frac{A_{e}f_{0.2}}{N_{xy\omega}}} \tag{4-33}$$

$$\overline{\lambda}_{xy\omega,haz}=\sqrt{\frac{A_{u,e}f_{u}}{N_{xy\omega}}} \tag{4-34}$$

值得注意的是，以上计算内容均针对铝合金构件的毛截面进行。

还需进行说明的一点是，对于端部为焊接连接的构件，即使其端部连接为刚接，但由于焊接热影响效应的存在使其刚度大大降低，故在计算受压构件长细比时，其计算长度取值应偏保守地按端部铰接考虑。由于状态 O 或 F 的铝合金材料焊接后强度不下降，因此不用考虑焊接热影响效应对构件计算长度产生的影响。

【例题 4-2】 试验算例题 4-1 中杆件的整体稳定性。

【解】 对于双轴对称杆件，通常发生弯曲失稳。由例题 4-1 可得，杆件绕弱轴的长细比较大，易发生绕弱轴的失稳。计算其欧拉临界力：

$$N_{cry} = \frac{\pi^2 E I_{ey}}{l_0^2} = \frac{3.14^2 \times 70000 \times 1.046 \times 10^5}{1500^2} = 3.21 \times 10^4 \, \text{N}$$

杆件相对长细比为：

$$\overline{\lambda}_y = \sqrt{\frac{A_e f_{0.2}}{N_{cry}}} = \sqrt{\frac{853.7 \times 240}{3.21 \times 10^4}} = 2.526$$

杆件的几何缺陷系数：

$$\eta_y = \alpha (\overline{\lambda}_y - \overline{\lambda}_0) = 0.22 \times (2.526 - 0.15) = 0.523$$

杆件的稳定系数为：

$$\varphi_y = \frac{1 + \eta_y + \overline{\lambda}_y^2}{2\overline{\lambda}_y^2} - \sqrt{\left(\frac{1 + \eta_y + \overline{\lambda}_y^2}{2\overline{\lambda}_y^2}\right)^2 - \frac{1}{\overline{\lambda}_y^2}}$$

$$= \frac{1 + 0.523 + 2.526^2}{2 \times 2.526^2} - \sqrt{\left(\frac{1 + 0.523 + 2.526^2}{2 \times 2.526^2}\right)^2 - \frac{1}{2.526^2}} = 0.143$$

则杆件的整体稳定：

$$\frac{N}{\eta_{as} \eta_{haz} \varphi_y A_e f} = \frac{20000}{1.0 \times 1.0 \times 0.143 \times 853.7 \times 200} = 0.819 \leqslant 1.0$$

满足设计要求。

【习题 】

4-1 为什么钢结构中板件的整体稳定性仅需要校核宽厚比而铝合金结构中需要计算有效厚度？

4-2 受压板件的有效厚度与什么因素有关？

4-3 理想轴心受压构件分别在什么情况下发生弯曲屈曲、扭转屈曲与弯扭屈曲？

4-4 为什么实际轴心受压杆件的极限承载力始终小于杆件的屈曲临界力？

4-5 影响构件整体失稳的主要因素包括哪些？

4-6 一根 H 形焊接铝合金轴心受压杆件，截面尺寸为 H250×150×8×10，如

图 4-14 所示。材料为 6061-T6，焊接采用 MIG，退火温度为 100℃。请绘制该杆件的有效截面示意图并计算有效截面面积。

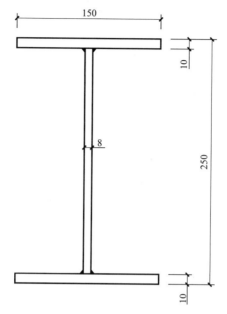

图 4-14 习题 4-6(单位：mm)

4-7 对于一两端铰接的挤压成型轴心受压杆件，杆件截面为 T 形，截面高度为 100mm，宽度为 50mm，翼缘厚度为 6mm，腹板厚度为 8mm，杆件长度为 2000mm，材料为 6061-T6 铝合金，请计算杆件的整体稳定承载力。

第 **5** 章

受弯构件的设计与原理

【知识点】 梁有效截面迭代计算方法，不同工作阶段梁抗弯强度计算方法，最大剪应力计算公式，受弯构件挠度允许值，梁临界弯矩计算方法，梁整体稳定系数计算方法，梁整体稳定计算公式。

【重点】 梁有效截面迭代计算方法，不同工作阶段梁抗弯强度计算方法，最大剪应力计算公式，梁整体稳定系数计算方法，梁整体稳定计算公式。

【难点】 梁有效截面迭代计算方法，梁整体稳定系数计算方法。

承受横向荷载或端弯矩的构件称为受弯构件，在土木工程中，受弯构件常被用作梁，例如房屋建筑中的楼盖梁、屋盖梁、工作平台梁、吊车梁，以及桥梁、水工闸门、海上采油平台中的梁等。

铝合金梁的设计必须同时满足承载能力极限状态和正常使用极限状态。承载能力极限状态验算包括强度验算和整体稳定验算。在荷载设计值作用下，梁的最大正应力、剪应力均不超过相应的铝合金材料强度设计值；除某些特殊情况外，应通过计算梁的整体稳定性来判断梁是否会发生整体失稳，并应在梁的支座处采取构造措施防止梁端截面的扭转。正常使用极限状态主要指梁应具有足够的抗弯刚度，即为了不影响结构和构件的正常使用和观感，在荷载标准值作用下，铝合金梁的最大挠度不大于《铝合金标准》规定的受弯构件挠度的容许值。

5.1 梁的有效截面

受弯构件中同样应考虑板件屈曲后强度，按有效厚度法考虑局部屈曲对构件承载力的影响。对于需焊接的构件，同样应考虑焊接的热影响效应。

对于构件有效厚度的计算同轴心受力构件。但对于受弯或压弯构件，不均匀受压加劲板件的有效厚度依赖于压应力分布不均匀系数 ψ（有效厚度计算中涉及板件弹性临界屈曲应力的计算，板件弹性临界屈曲应力计算中受压板件局部稳定系数与压应力分布不均匀系数有关）。压应力分布不均匀系数的计算如下：

$$\psi = \sigma_{\min} / \sigma_{\max} \tag{5-1}$$

式中　　ψ——压应力分布不均匀系数；

$\sigma_{\max}$——受压板件边缘最大压应力（N/mm^2），取正值；

$\sigma_{\min}$——受压板件另一边缘的应力（N/mm^2），取压应力为正，拉应力为负。

计算压应力分布不均匀系数时首先应确定截面中和轴位置，但中和轴位置又取决于各板件有效厚度在全截面中的分布；因此，需要通过迭代计算确定中和轴位置后才可以计算其他有效截面参数。当中和轴位于截面形状发生变化部分的附近时（例如工字形截面腹板和翼缘交界处），迭代计算可能发生振荡不易收敛。因中和轴附近受压区域的板件实际应力很小，不易发生局部屈曲，迭代计算时可不考虑该区域板件的厚度折减以保证计算的收敛性。

有效截面特性按下述迭代方法进行计算：

（1）计算受压翼缘的有效厚度；

（2）假定腹板全部有效（不考虑局部屈曲影响，但对于焊接情况，仍应考虑焊接热影响效应，按 4.1 节中满足宽厚比限值内容确定腹板有效厚度），确定中和轴位置（图 5-1b）；

（3）根据中和轴位置计算腹板的压应力分布不均匀系数 ψ，并按 4.1 节中不满足宽厚比限制内容确定腹板受压区的有效厚度（图 5-1c）；

（4）根据第（3）步确定的腹板有效截面再次计算中和轴位置（图 5-1c）；

（5）重复步骤第（3）、（4）步（图 5-1d）直至两次计算的腹板有效厚度及中和轴位置近似相等（图 5-1e）；

（6）根据最后确定的中和轴位置及各受压板件的有效截面计算有效截面惯性矩 I_e 及有效截面模量 W_e，W_e 为距中和轴较远的受压侧有效截面模量。

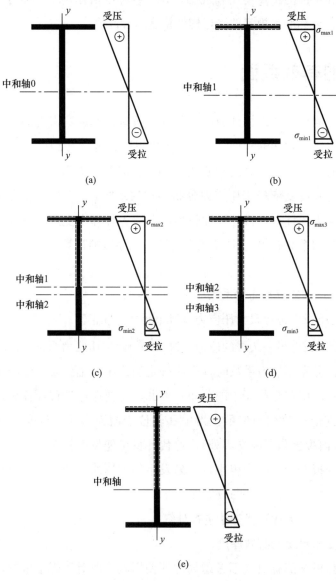

图 5-1 受弯（压弯）构件有效截面的计算

对于工程中常用的截面，通常迭代计算 1～2 次即可获得足够的精度。

5.2　梁的强度和刚度

5.2.1　梁的强度

梁的强度包括抗弯强度、抗剪强度，在荷载设计值作用下，均不应超过《铝合金标准》规定的相应材料强度设计值。

1. 梁的抗弯强度

随着作用在梁上荷载的增加，梁的弯曲应力将经历三个发展阶段，以双轴对称的工字形截面梁（图 5-2a）为例。

（1）弹性工作阶段

当施加荷载较小时，梁截面各点的弯曲应力均小于名义屈服点应力 $f_{0.2}$，随着荷载的增加，边缘纤维应力率先达到 $f_{0.2}$（图 5-2b），此时，相应的截面抵抗矩为梁弹性工作阶段的最大值：

$$M_e = W f_{0.2} \tag{5-2}$$

式中　W——梁的弹性截面模量。

（2）弹塑性工作阶段

荷载继续增加，截面上、下均产生一片高度为 a 的区域，其应力 σ 达到名义屈服点应力 $f_{0.2}$。而截面的中间部分仍保持弹性（图 5-2c），此时梁处于弹塑性工作阶段。

（3）塑性工作阶段

随着荷载继续增加，梁截面的塑性区不断向内发展，弹性核心不断变小，直至完全消失（图 5-2d）。此时。荷载不再增加，但变形继续发展，形成"塑性铰"，梁的承载能力达到极限，此时的截面抵抗矩为：

$$M_p = (S_1 + S_2) f_{0.2} = W_p f_{0.2} \tag{5-3}$$

式中　S_1、S_2——分别为中和轴以上及以下净截面对中和轴的面积矩；

　　　W_p——梁的净截面塑性模量。

在计算梁的抗弯强度时，虽考虑截面塑性发展更为经济，但若按截面形成塑性铰进行设计，铝合金梁可能产生过大的挠度。因此，《铝合金结构设计规范》GB 50429—2007 引入截面塑性发展系数 γ_x、γ_y，来考虑截面部分发展塑性。欧洲建筑钢结构协会（ECCS）铝合金结构委员会的研究认为：γ_x、γ_y 的取值应保证梁在均匀弯曲作用下，跨中残余挠度小于其跨长的 1‰。

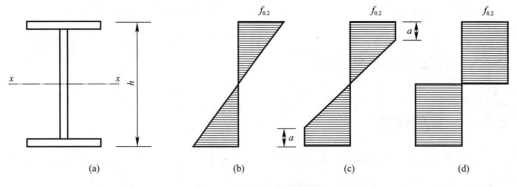

图 5-2　梁正应力分布图

由此，梁的抗弯强度按下列公式进行计算：

$$\frac{M_x}{\gamma_x W_x}+\frac{M_y}{\gamma_y W_y}\leqslant f \tag{5-4}$$

式中　M_x、M_y——分别为同一截面处绕 x 轴和 y 轴的弯矩（对工字形截面，x 轴
　　　　　　　　为强轴，y 轴为弱轴）；

　　　　W_x、W_y——对截面主轴 x 轴和 y 轴的弹性截面模量；

　　　　γ_x、γ_y——截面塑性发展系数，应按表 5-1 取用；

　　　　f——铝合金材料的抗弯强度设计值。

《铝合金结构设计规范》GB 50429—2007 中规定主平面内受弯的构件，其抗弯强度应考虑局部屈曲与焊接的影响，满足毛截面强度验算、存在孔洞处的净截面强度验算以及局部焊接截面强度验算。

毛截面：

$$\frac{M_x}{\gamma_x W_{ex}}+\frac{M_y}{\gamma_y W_{ey}}\leqslant f \tag{5-5}$$

净截面：

$$\frac{M_x}{W_{enx}}+\frac{M_y}{W_{eny}}\leqslant f_{u,d} \tag{5-6}$$

采用式（5-6）计算净截面强度可以保证当材料屈强比相对较大时的安全性。

局部焊接截面：

$$\frac{M_x}{W_{u,ex}}+\frac{M_y}{W_{u,ey}}\leqslant f_{u,d} \tag{5-7}$$

式中　W_{ex}、W_{ey}——对截面主轴 x 轴和 y 轴的有效截面模量；应同时考虑局部屈曲
　　　　　　　　和通长焊接的影响，在考虑焊接影响时应使用 ρ_{haz} 计算有效厚
　　　　　　　　度，若无局部屈曲和焊接时，$W_e=W$；

　　　　W_{enx}、W_{eny}——对截面主轴 x 轴和 y 轴的有效净截面模量；应同时考虑孔洞及

其所在截面处焊接的影响，在考虑焊接影响时应使用 $\rho_{u,haz}$ 计算有效厚度；

$f_{u,d}$——铝合金材料的极限抗拉强度设计值；

$W_{u,ex}$、$W_{u,ey}$——对截面主轴 x 轴和 y 轴的有效焊接截面模量；应同时考虑局部焊接及其所在截面处可能存在的局部屈曲和通长焊接的影响，在考虑焊接影响时应使用 $\rho_{u,haz}$ 计算有效厚度；当连续的局部焊接热影响区范围在沿纵向（构件长度方向）超过截面最小尺寸（如翼缘宽度）时，应改由 f 控制并用 ρ_{haz} 计算有效厚度的整体屈服验算，即公式（5-7）变形为 $M/W_{u,e} \leqslant f$，且 $W_{u,e}$ 在考虑焊接影响时应使用 ρ_{haz} 计算有效厚度。

当梁的抗弯强度不满足设计要求时，增大梁的高度最为有效。

截面塑性发展系数 γ_x、γ_y　　　　　　　表 5-1

截面形式					
T6 类	γ_x	1.00		1.00	1.00
	γ_y	1.05		1.00	1.00
非 T6 类	γ_x	1.00		1.00	1.00
	γ_y	1.00		1.00	1.00

截面形式					
T6 类	γ_x	1.05	$\gamma_{x1}=1.00$ $\gamma_{x2}=1.05$	$\gamma_{x1}=1.00$ $\gamma_{x2}=1.05$	1.10
	γ_y	1.05	1.00	1.05	1.10
非 T6 类	γ_x	1.00	$\gamma_{x1}=1.00$ $\gamma_{x2}=1.00$	$\gamma_{x1}=1.00$ $\gamma_{x2}=1.00$	1.05
	γ_y	1.00	1.00	1.00	1.05

2. 梁的抗剪强度

一般情况下，梁同时承受弯矩和剪力的共同作用，常用简化设计方法中，假设

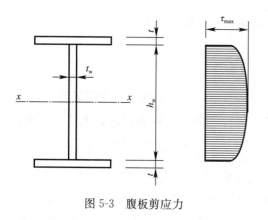

图 5-3　腹板剪应力

剪力完全由腹板承担，工字形截面梁腹板上的剪应力如图 5-3 所示。

截面上的最大剪应力发生在腹板中和轴处，在主平面受弯的铝合金构件，以截面上最大剪应力达到铝合金材料的抗剪屈服点作为承载能力极限状态。因此，设计的抗剪强度应按下式计算：

$$\tau = \frac{V_{max} S_e}{I_e t_{ew}} \leqslant f_v \qquad (5\text{-}8)$$

式中　V_{max}——计算截面沿腹板平面作用的最大剪力；

　　　　S_e——计算剪应力处以上有效截面对中和轴的面积矩，应同时考虑局部屈曲、局部焊接和通长焊接的影响；

　　　　I_e——有效截面惯性矩，应同时考虑局部屈曲、局部焊接和通长焊接的影响；

　　　　t_{ew}——腹板有效厚度，应同时考虑局部屈曲、局部焊接和通长焊接的影响；

　　　　f_v——材料的抗剪强度设计值。

当梁的抗剪强度不满足要求时，最有效的办法是增大腹板面积，但由于腹板高度常受到梁的刚度条件和构造要求的限制，因此设计时常采用加大腹板厚度的办法来增加梁的抗剪强度。

5.2.2　梁的刚度

梁的刚度不足时，将会产生较大的变形。因此梁的刚度可以通过梁的挠度验算来表示：

$$\nu \leqslant [\nu] \qquad (5\text{-}9)$$

式中　ν——荷载标准值下梁的最大挠度；

　　　　$[\nu]$——梁的容许挠度值，《铝合金标准》中结合《钢结构设计标准》GB 50017—2017、欧标及实践经验规定的容许挠度值见表 5-2；空间网格结构容许挠度值详见第 7 章。

铝合金结构刚度较小，自重作用下会产生明显变形。对横向受力的构件和结构按自重和部分活载下的挠度进行反向预起拱，可以使建成后的铝合金结构满足设计对外形的规定和要求。铝合金结构的实际变形是在运营阶段由活荷载产生的变形，如果按实际变形和自重下的变形的总和来控制铝合金结构的挠度限值，将导致保守和浪费的设计结果。所以，在挠度计算时可以按挠度的总和减去起拱值来进行结构变形和挠度的限制。

序号	构件类别	容许值
1	框架结构主梁	$l/400$
2	框架结构次梁、门式刚架山墙抗风柱、塔架和网格结构的构件	$l/250$
3	檩条和横隔板（在恒载作用下）	$l/200$
4	门式刚架屋面斜梁、框架网格塔架等围护结构的构件	$l/180$
5	围护面板	$l/100$
6	门式刚架屋面檩条	$l/150$
7	门式刚架刚架墙檩	$l/100$
8	人行桥栏杆	$H/100$

注：l 为跨度或支点间距离，悬臂构件可取挑出长度的 2 倍。H 为栏杆净高度。

【例题 5-1】 如图 5-4 一工字形截面铝合金简支梁，跨度 $l=3\text{m}$，无侧向支撑。跨度中央上翼缘作用一集中静力荷载 45kN，材料为 6061-T6 铝合金，试验算杆件的强度是否满足要求。

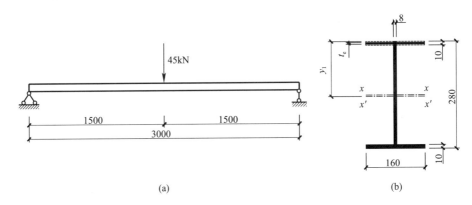

图 5-4 例题 5-1 附图（单位：mm）

【解】 （1）计算梁的有效截面

近似认为受压区翼缘均匀受压，其宽厚比为 $(160-8)/(2\times10)=7.6>7\varepsilon\sqrt{\eta k'}=7$，应对其进行厚度折减。

翼缘的弹性临界屈曲应力：

$$\sigma_{\text{cr}}=\frac{k\pi^2 E}{12(1-\nu^2)\cdot(b/t)^2}=\frac{0.425\times3.14^2\times70000}{12\times(1-0.3^2)\times(76/10)^2}=465.04\text{MPa}$$

翼缘的换算柔度系数：

$$\bar{\lambda}=\sqrt{f_{0.2}/\sigma_{\text{cr}}}=\sqrt{240/465.04}=0.718$$

翼缘有效厚度为：

$$t_{\text{e}}=t\left(\alpha_1\frac{1}{\bar{\lambda}}-\alpha_2\frac{0.22}{\bar{\lambda}^2}\right)=10\times\left(0.96\times\frac{1}{0.718}-1\times\frac{0.22}{0.718^2}\right)=9.10\text{mm}$$

假定腹板全截面有效，计算截面的中和轴位置：

$$y_1 = \frac{8 \times 10 \times 5 + 2 \times 76 \times 9.10 \times 5 + 8 \times 260 \times 140 + 160 \times 10 \times 275}{8 \times 10 + 2 \times 76 \times 9.10 + 8 \times 260 + 160 \times 10} = 143.59\text{mm}$$

腹板压力不均匀系数：

$$\psi = -\frac{143.5 - 10}{(280 - 143.5) - 10} = -1.055$$

腹板局部稳定系数：

$$k = 7.81 - 6.29\psi + 9.78\psi^2 = 22.55$$

腹板宽厚比满足：

$$\frac{b}{t} = \frac{289 - 2 \times 10}{8} = 32.5 < 21.5\varepsilon\sqrt{\eta k'} = 21.5 \times 1.0 \times \sqrt{1.0 \times 22.55/4} = 51.05$$

腹板全截面有效，无需进行折减。

（2）计算截面几何特性

惯性矩：

$$I_x = \frac{1}{12} \times 8 \times 280^3 + 152 \times 9.1 \times (143.59 - 5)^2 + 152 \times 10 \times (280 - 143.59 - 5)^2$$
$$= 6.75 \times 10^7 \text{mm}^4$$

受压纤维对 x 轴的截面模量：

$$W_{ex} = \frac{I_x}{y_1} = \frac{6.75 \times 10^7}{143.59} = 470088.45\text{mm}^3$$

中和轴以上腹板截面对中和轴的面积矩：

$$S_e = 8 \times (143.59 - 10)^2/2 = 71385.15\text{mm}^3$$

腹板对中和轴的有效截面惯性矩为：

$$I_e = \frac{1}{12} \times 8 \times 260^3 + 8 \times 260 \times (143.59 - 140)^2 = 1.172 \times 10^7 \text{mm}^4$$

（3）验算上翼缘受拉抗弯强度及腹板中和轴处抗剪强度，查表得到 $\gamma_x = 1.0$：

$$M_x = \frac{Pl}{4} = \frac{45000 \times 3000}{4} = 3.38 \times 10^7 \text{N} \cdot \text{mm}$$

$$\frac{M_x}{\gamma_x W_{ex}} = \frac{3.38 \times 10^7}{1.0 \times 470088.45} = 71.90\text{MPa} \leqslant f = 200\text{MPa}$$

跨中截面及支座处剪力最大，为 $P/2$：

$$\tau = \frac{PS_e}{2I_e t_{ew}} = \frac{45000 \times 71385.15}{2 \times 1.172 \times 10^7 \times 8} = 17.13\text{MPa} \leqslant f_v = 115\text{MPa}$$

强度满足设计要求。

5.3 梁的整体稳定性

5.3.1 梁的整体失稳现象

一般来说，梁的屈曲过程为弯扭屈曲，又称为整体失稳现象。随着横向荷载的逐渐增加，弯矩作用平面内的竖向位移逐渐增加，当达到临界荷载时，梁会发生侧向弯曲和扭转变形，并丧失承载能力，如图5-5所示。梁维持其稳定平衡状态所承受的最大弯矩，称为临界弯矩。

横向荷载的临界值与其作用位置有关。荷载作用在截面剪心上方时，在梁产生微小侧向位移和扭转情况下，荷载将产生绕剪心的附加扭矩，它将对梁的侧向弯曲和扭转起促进作用，使梁加速丧失整体稳定；荷载作用在截面剪心下方时，它将产生反方向的附加扭矩，有利于阻止梁的侧向弯曲与扭转，延缓梁丧失整体稳定。后者的临界弯矩将高于前者。

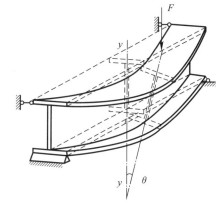

图 5-5　梁的整体失稳

5.3.2 梁的临界弯矩

根据弹性稳定理论，可以推导出两端夹支的纯弯构件的弹性临界弯矩如式（5-10）所示。夹支条件即支座处截面可以自由翘曲、能绕截面强轴和截面弱轴转动，但不能绕梁轴线扭转，也不能侧向移动。

$$M_{cr}=\frac{\pi^2 EI_y}{l_y^2}\left[\beta_y+\sqrt{\beta_y^2+\frac{I_\omega}{I_y}\left(1+\frac{GI_t l_\omega^2}{\pi^2 EI_\omega}\right)}\right] \tag{5-10}$$

式中　M_{cr}——理想纯弯曲梁的弹性临界弯矩；

l_y——平面外弯曲屈曲计算长度，$l_y=\mu_y l$，μ_y 为弯曲屈曲计算长度系数；在跨间无侧向支撑时取 1；跨中设一道侧向支撑或跨间有不少于两个等距布置的侧向支撑时取 0.5；

l_w——梁的扭转屈曲计算长度，$l_\omega=\mu_\omega l$，μ_ω 为扭转屈曲计算长度系数，按表 5-3 用；

I_y——绕弱轴 y 轴的毛截面惯性矩；

I_ω——毛截面的扇性惯性矩，对于 T 形截面、十字形截面、角形截面可近似取 0；

I_t —— 毛截面的自由扭转惯性矩，若截面是由长度为 b_i 和厚度为 t_i 的 n 个矩形块组成，则可取为 $I_t = \dfrac{1}{3}\sum\limits_{i=1}^{n} b_i t_i^3$；

EI_y —— 梁的侧向抗弯刚度；

GI_t —— 梁的自由扭转刚度；

EI_ω —— 梁的翘曲扭转刚度；

β_y —— 不对称截面形状系数：$\beta_y = \dfrac{1}{2I_x}\displaystyle\int_A y(x^2 + y^2)\mathrm{d}A - y_0$；

y_0 —— 形心到剪心的竖向距离，$y_0 = -\dfrac{I_1 h_1 - I_2 h_2}{I_y}$，$I_1$、$I_2$ 分别为受压翼缘和受拉翼缘对 y 轴的惯性矩，当剪心到形心的指向与挠曲方向一致时取负，相反时取正。

构件的扭转屈曲计算长度系数 μ_ω 表 5-3

序号	支撑条件	μ_ω
1	两端支承	1.0
2	一端支承，另一端自由	2.0

对于双轴对称截面：$\beta_y = 0$，因此式（5-10）可以简化为：

$$M_{cr} = \frac{\pi^2 EI_y}{l_y^2}\left[\sqrt{\frac{I_\omega}{I_y}\left(1 + \frac{GI_t l_\omega^2}{\pi^2 EI_\omega}\right)}\right] \tag{5-11}$$

在实际工程中，受弯构件所受到的荷载作用是不同的，荷载作用的位置也存在差异，在弹性稳定理论的基础上可以推导出临界弯矩的通用计算公式：

$$M_{cr} = \beta_1 \frac{\pi^2 EI_y}{l_y^2}\left[\beta_2 e_a + \beta_3 \beta_y + \sqrt{(\beta_2 e_a + \beta_3 \beta_y)^2 + \frac{I_\omega}{I_y}\left(1 + \frac{GI_t l_\omega^2}{\pi^2 EI_\omega}\right)}\right] \tag{5-12}$$

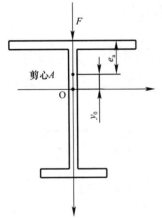

图 5-6 单轴对称截面

式中　β_1 —— 临界弯矩修正系数，取决于荷载的形式；

β_2 —— 荷载作用点位置影响系数；

e_a —— 荷载作用点与剪心之间的距离，当荷载不作用在剪心且荷载方向指向剪心时为负，离开剪心时为正，如图 5-6 所示；

β_3 —— 荷载形式不同对单轴对称截面的影响系数。

给出的临界弯矩计算公式适用于对称截面以及单轴对称截面绕对称轴弯曲的情况。对于绕非对称轴弯曲的截面，如单轴对称工字形截面绕强轴弯曲时，临界弯矩计算式中 β_1、β_2、β_3 的取值存在一定争议。β_1、β_2、β_3

的值还与构件的端部约束条件有关，具体取值，参考欧洲规范，如表 5-4 所示。

各类荷载及边界约束情况下的 β_1、β_2、β_3 系数取值　　　　表 5-4

弯矩作用平面内荷载及支承情况	弯矩图	计算长度系数 μ_ω	β_1	β_2	β_3
	$\alpha=1$	1.0	1.000	0	1.000
		0.5	1.000	0	1.144
	$\alpha=1/2$	1.0	1.323	0	0.992
		0.5	1.514	0	2.271
	$\alpha=0$	1.0	1.879	0	0.939
		0.5	2.150	0	2.150
	$\alpha=-1/2$	1.0	2.704	0	0.676
		0.5	3.093	0	1.546
	$\alpha=-1$	1.0	2.752	0	0
		0.5	3.149	0	0
		1.0	1.132	0.459	0.525
		0.5	0.972	0.304	0.980
		1.0	1.285	1.562	0.753
		0.5	0.712	0.652	1.070
		1.0	1.365	0.553	1.730
		0.5	1.070	0.432	3.050
		1.0	1.565	1.267	2.640
		0.5	0.938	0.715	4.800
		1.0	1.046	0.430	1.120
		0.5	1.010	0.410	1.890

如果梁在发生弯扭屈曲时部分截面已经进入塑性阶段，则截面外侧有一部分纤维应力应变将不再按弹性比例线性增加，其增量的比值变为切线模量，但通过截面

各点的切线模量计算临界弯矩是十分困难的，且不利于工程应用。因此，偏安全地假设截面上所有纤维的切线模量均和受压边缘纤维相同，将式（5-11）中的弹性模量替换为相应的切线模量，可得到近似的临界弯矩计算公式：

$$M_{cr} = \beta_1 \frac{\pi^2 E_t I_y}{l_y^2} \left[\beta_2 e_a + \beta_3 \beta_y + \sqrt{(\beta_2 e_a + \beta_3 \beta_y)^2 + \frac{I_\omega}{I_y} \left(1 + \frac{GI_t l_\omega^2}{\pi^2 E_t I_\omega}\right)} \right] \quad (5-13)$$

5.3.3　梁的整体稳定系数

梁的临界应力为：

$$\sigma_{cr} = \frac{M_{cr}}{W_x} \quad (5-14)$$

式中　W_x——梁对 x 轴的毛截面模量。

梁的整体稳定应满足下式：

$$\sigma = \frac{M_x}{W_x} \leqslant \frac{\sigma_{cr}}{\gamma_R} = \frac{\sigma_{cr}}{f_{0.2}} \frac{f_{0.2}}{\gamma_R} = \varphi_b f \quad (5-15)$$

式中　φ_b——梁的整体稳定系数，为弯扭屈曲应力与材料名义屈服强度的比值。

为了使梁与柱的稳定曲线有统一的表达形式，采用非线性函数的最小二乘法将各类截面的理论值 φ_b 拟合为 Perry-Roberson 公式形式的表达式：

$$\varphi_b = \frac{1 + \eta_b + \bar{\lambda}_b^2}{2\bar{\lambda}_b^2} \sqrt{\left(\frac{1 + \eta_b + \bar{\lambda}_b^2}{2\bar{\lambda}_b^2}\right)^2 - \frac{1}{\bar{\lambda}_b^2}} \quad (5-16)$$

式中　η_b——计及构件几何缺陷的 Perry-Robertson 系数，可以选用不同的取值方法。采用欧标建议的缺陷系数形式为：

$$\eta_b = \alpha_b (\bar{\lambda}_b - \bar{\lambda}_{0,b}) \quad (5-17)$$

$\bar{\lambda}_b$ 为梁的相对长细比，按下列公式进行计算：

$$\bar{\lambda}_b = \sqrt{\frac{W_{ex} f}{M_{cr}}} \quad (5-18)$$

式中　M_{cr}——梁的弹性临界弯距，由式（5-12）计算得出：

　　　　W_{ex}——对强轴受压边缘的有效截面模量。

参数 α_b 与参数 $\bar{\lambda}_{0,b}$ 对稳定系数 φ_b 有着不同程度的影响，当 α_b 不变时，$\bar{\lambda}_{0,b}$ 越大，受弯构件在较小长细比情况下的稳定系数越高；而当 $\bar{\lambda}_{0,b}$ 不变时，α_b 越小，构件在中等长细比情况下的稳定系数越高。

分析表明，影响弯扭屈曲应力的因素主要有：①合金材料性能；②构件的截面形状及其尺寸比；③荷载类型及其在截面上的作用点位置；④跨中有无侧向支承和端部约束情况；⑤初始变形、加载偏心和残余应力等初始缺陷；⑥截面的塑性发展性能等。根据不同合金材料、不同荷载作用形式下各类工字形截面、槽形截面、T形截面梁的数值模拟计算结果，经统计分析后得出 α_b、$\overline{\lambda}_{0,b}$ 的取值从而确定梁的弹塑性弯扭稳定系数计算公式，对于 T6 类合金：$\alpha_b=0.20$，$\overline{\lambda}_{0,b}=0.36$；对于非 T6 类合金：$\alpha_b=0.25$，$\overline{\lambda}_{0,b}=0.30$。图 5-7、图 5-8 给出了同济大学完成的跨中集中力作用下工字形截面梁与槽形梁的弯扭稳定试验结果、数值结果与各标准公式计算结果。

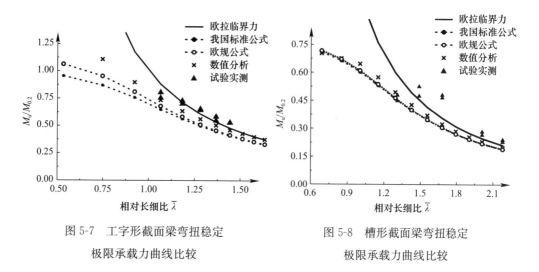

图 5-7　工字形截面梁弯扭稳定　　　　图 5-8　槽形截面梁弯扭稳定
　　　极限承载力曲线比较　　　　　　　　极限承载力曲线比较

对于存在局部焊接的梁，其局部焊接整体稳定系数 $\varphi_{b,haz}$ 应按下式计算：

$$\varphi_{b,haz}=\frac{1+\eta_b+\overline{\lambda}_{b,haz}^2}{2\overline{\lambda}_{b,haz}^2}\sqrt{\left(\frac{1+\eta_b+\overline{\lambda}_{b,haz}^2}{2\overline{\lambda}_{b,haz}^2}\right)^2-\frac{1}{\overline{\lambda}_{b,haz}^2}} \tag{5-19}$$

式中　$\overline{\lambda}_{b,haz}$——局部焊接整体稳定相对长细比，应按下式计算：

$$\overline{\lambda}_{b,haz}=\sqrt{\frac{W_{u,ex}f_u}{M_{cr}}} \tag{5-20}$$

5.3.4　梁的整体稳定计算

1. 梁的整体稳定的保证

为了提高梁的整体稳定性，当有铺板密铺在梁的受压翼缘上时，应使之与梁牢固连接，便能阻止受压翼缘的侧向位移，梁就不会丧失整体稳定，因此也不必计算梁的整体稳定性；若无铺板或铺板与梁受压翼缘连接不可靠时，可以考虑设置平面支撑，包括横向平面支撑与纵向平面支撑两种。横向平面支撑的作用是减少主梁受压翼缘的自由长度，纵向平面支撑是为了保证整体结构的横向刚度。

2. 梁的整体稳定计算

当不满足不必计算整体稳定的条件时，《铝合金结构设计规范》GB 50429—2007

规定了梁在最大刚度平面内，整体稳定计算公式：

$$\frac{M_x}{\varphi_b W_{ex}} \leqslant f \tag{5-21}$$

式中　M_x——绕强轴作用的最大弯矩；

　　　W_{ex}——对强轴受压边缘的有效截面模量；

　　　φ_b——梁的整体稳定系数。

对于存在局部焊接的构件，除应按式（5-21）计算外，尚应按下式计算：

$$\frac{M_x}{\varphi_{b,haz} W_{u,ex}} \leqslant f_{u,d} \tag{5-22}$$

式中　M_x——绕强轴作用的最大弯矩；

　　　$\varphi_{b,haz}$——梁的局部焊接整体稳定系数，应按式（5-19）计算；

　　　$W_{u,ex}$——对强轴受压边缘的有效焊接截面模量；当连续的局部焊接热影响区范围在沿纵向（构件长度方向）超过截面最小尺寸（如翼缘宽度）时，应改由 f 控制，并用 ρ_{haz} 计算有效厚度的整体屈服验算，即公式（5-20）变形为 $M/\varphi_{b,haz} W_{u,e} \leqslant f$，且 $W_{u,e}$ 在考虑焊接影响时应使用 ρ_{haz} 计算有效厚度。

当梁的整体稳定承载力不足时，可采用加大梁截面尺寸或增加侧向支撑的办法解决。前一种办法中，增大受压翼缘的宽度最为有效。

【例题 5-2】　如图 5-9 所示截面的铝合金梁，梁跨度为 3m，两端简支，沿梁长度方向作用有均布荷载 q，梁材料为 6061-T6 铝合金，试计算铝合金梁所能承载的最大荷载。

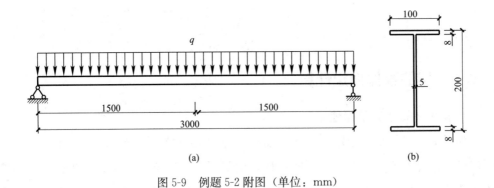

图 5-9　例题 5-2 附图（单位：mm）

【解】　（1）计算梁的有效截面

近似认为受压区翼缘均匀受压，其宽厚比为 $(100-5)/(2\times8)=5.94<7\varepsilon\sqrt{\eta k'}=7$，无需进行厚度折减。

对于双轴对称截面，中和轴位于腹板 1/2 处，腹板不均匀压力系数为 $\psi = -1$。

腹板局部稳定系数：

$$k = 7.81 - 6.29\psi + 9.78\psi^2 = 23.88$$

腹板宽厚比满足：

$$\frac{b}{t} = \frac{200 - 2 \times 8}{5} = 36.8 < 21.5\varepsilon\sqrt{\eta k'} = 21.5 \times 1.0 \times \sqrt{1.0 \times 23.88/4} = 52.53$$

腹板全截面有效，无需进行折减。

（2）计算截面几何特性

惯性矩：

$$I_x = \frac{1}{12} \times 100 \times 200^3 - \frac{1}{12} \times 95 \times 184^3 = 1.735 \times 10^7 \, \text{mm}^4$$

$$I_y = \frac{1}{12} \times 184 \times 5^3 + 2 \times \frac{1}{12} \times 8 \times 100^3 = 1.335 \times 10^6 \, \text{mm}^4$$

受压纤维对 x 轴的截面模量：

$$W_{ex} = \frac{I_x}{h/2} = \frac{1.735 \times 10^7}{100} = 1.735 \times 10^5 \, \text{mm}^3$$

截面扇性惯性矩，对于双轴对称 H 形截面：

$$I_\omega = I_y h^2/4 = 1.335 \times 10^6 \times 200^2/4 = 5.34 \times 10^{10} \, \text{mm}^6$$

截面的自由扭转惯性矩：

$$I_t = \frac{1}{3}\sum_{i=1}^{n} b_i t_i 3 = \frac{1}{3}(184 \times 5^3 + 2 \times 100 \times 8^3) = 41800 \, \text{mm}^4$$

（3）截面强度及稳定性计算

计算截面发生强度破坏时承受的最大弯矩，查表得到 $\gamma_x = 1.0$。

$$M_x = \gamma_x W_{ex} f = 1.0 \times 1.735 \times 10^5 \times 200 = 3.47 \times 10^7 \, \text{N} \cdot \text{mm}$$

计算梁发生整体失稳时承受的最大弯矩：

对于双轴对称截面 $\beta_y = 0$，查表得到 $\beta_1 = 1.132$。

梁的临界弯矩为：

$$M_{cr} = \beta_1 \frac{\pi^2 EI_y}{l_y^2} \sqrt{\frac{I_\omega}{I_y}\left(1 + \frac{GI_t l_\omega^2}{\pi^2 EI_\omega}\right)}$$

$$= 1.132 \times \frac{3.14^2 \times 70000 \times 1.335 \times 10^6}{3000^2} \times \sqrt{\frac{200^2}{4}\left(1 + \frac{27000 \times 41800 \times 3000^2}{3.14^2 \times 70000 \times 5.34 \times 10^{10}}\right)}$$

$$= 1.309 \times 10^7 \, \text{N} \cdot \text{mm}$$

相对长细比：

$$\overline{\lambda}_b = \sqrt{\frac{W_{ex}f}{M_{cr}}} = \sqrt{\frac{1.735 \times 10^5 \times 200}{1.309 \times 10^7}} = 1.63$$

缺陷系数：

$$\eta_b = \alpha_b(\overline{\lambda}_b - \overline{\lambda}_{0,b}) = 0.2 \times (1.041 - 0.36) = 0.254$$

梁的整体稳定系数：

$$\varphi_b = \frac{1 + \eta_b + \overline{\lambda}_b^2}{2\overline{\lambda}_b^2} \sqrt{\left(\frac{1 + \eta_b + \overline{\lambda}_b^2}{2\overline{\lambda}_b^2}\right)^2 - \frac{1}{\overline{\lambda}_b^2}}$$

$$= \frac{1 + 0.254 + 1.63^2}{2 \times 1.63^2} \sqrt{\left(\frac{1 + 0.254 + 1.63^2}{2 \times 1.63^2}\right)^2 - \frac{1}{1.63^2}} = 0.299$$

梁发生整体失稳时承受的最大弯矩：

$$M_x = \varphi_b W_{ex}f = 0.299 \times 1.735 \times 10^5 \times 200 = 5.19 \times 10^6 \text{N} \cdot \text{mm}$$

则梁的承载力由整体稳定控制，其最大弯矩为 $5.19 \times 10^6 \text{N} \cdot \text{mm}$。

（4）计算梁所能承载的最大荷载

$$q = \frac{4M_x}{l^2} = \frac{4 \times 5.19 \times 10^6}{3000^2} = 2.31 \text{N/mm} = 2.31 \text{kN/m}$$

【习题】

5-1 梁的强度计算包括哪几项内容？

5-2 有效截面特性如何进行计算？

5-3 受弯构件为什么要计算变形，而轴压构件只需控制长细比？

5-4 梁的整体失稳与轴心受压构件失稳有何不同？

5-5 影响梁整体失稳的主要因素是什么？提高梁整体稳定性的有效措施有哪些？

5-6 一根 H 形截面铝合金简支梁，不计自重，跨度 6m，截面尺寸为 H350×200×10×6，材料为 6061-T6 铝合金，密铺板牢固连接于上翼缘，均布荷载标准值为 18kN/m，荷载分项系数为 1.4。试求是否满足强度和刚度要求，并判断是否需要进行梁的整体稳定验算。

5-7 一根等截面 H 形截面铝合金简支梁，不计自重，跨度 5.5m，跨中无侧向支撑点，截面尺寸为 H200×100×10×8，材料为 6061-T6 铝合金，上翼缘均布荷载设计值为 50kN/m，试验算梁的整体稳定。

第 **6** 章

拉弯和压弯构件的设计与原理

【知识点】 铝合金构件拉弯及压弯强度计算方法，拉弯和压弯构件允许长细比，弯矩作用平面内稳定计算，弯矩作用平面外稳定计算，双向弯曲压弯构件的整体稳定方法。

【重点】 铝合金构件拉弯及压弯强度计算方法，弯矩作用平面内稳定计算，弯矩作用平面外稳定计算。

【难点】 铝合金构件拉弯及压弯强度计算方法，弯矩作用平面内稳定计算，弯矩作用平面外稳定计算。

同时承受轴向拉力和弯矩的构件称为拉弯构件，或偏心受拉构件；同时承受轴向压力和弯矩的构件称为压弯构件，或偏心受压构件。弯矩可能由轴向荷载偏心、端弯矩或横向荷载引起。当弯矩只绕构件截面一个形心主轴作用时，称为单向压弯（或拉弯）构件；绕两个形心主轴均有弯矩时，称为双向压弯（或拉弯）构件。

进行拉弯和压弯构件设计时，应同时满足承载能力极限状态和正常使用极限状态的要求。拉弯构件一般只需验算强度和刚度（限制长细比）。但对于以承受弯矩为主的拉弯构件，当截面因弯矩产生较大压应力时，还应考虑稳定性的问题。压弯构件则需计算强度、整体稳定（弯矩作用平面内稳定和弯矩作用平面外稳定）和刚度（限制长细比）。对于铝合金拉弯和压弯构件，同样应考虑板件屈曲后强度，有效截面计算方法同受弯构件。

6.1 拉弯和压弯构件的强度和刚度

6.1.1 拉弯和压弯构件的强度

以压弯构件为例，在轴心压力和弯矩的共同作用下，工字形截面上的正应力发展过程如图 6-1 所示。

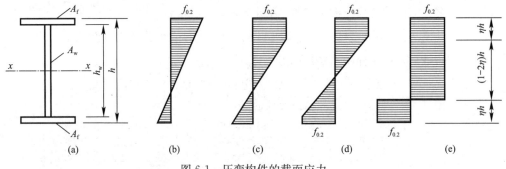

图 6-1 压弯构件的截面应力

在假设轴向力不变而弯矩不断增加的情况下，截面应力将经历四个发展阶段：（1）边缘纤维的最大应力达到名义屈服强度（图 6-1b）；（2）最大应力一侧部分截面塑性发展（图 6-1c）；（3）截面两侧均发展塑性（图 6-1d）；（4）全截面进入塑性（图 6-1e），此时截面达到承载能力极限状态。

若采用全截面屈服准则进行计算，构件受力最大截面形成塑性铰、达到强度极限，构件处于塑性工作阶段。如图 6-1(e) 所示，根据内外力平衡条件，可以获得轴心力 N 和弯矩 M 的关系式。为简化计算，取 $h \approx h_w$，令 $A_f = \alpha A_w$。

内力的计算分为两种情况。

（1）中和轴在腹板范围内（$N \leqslant A_{\mathrm{w}} f_{0.2}$），可得：

$$N = (1 - 2\eta)ht_{\mathrm{w}}f_{0.2} = (1 - 2\eta)A_{\mathrm{w}}f_{0.2} \tag{6-1}$$

$$M = A_{\mathrm{f}}f_{0.2}h + \eta A_{\mathrm{w}}f_{0.2} \times (1 - \eta)h = A_{\mathrm{w}}f_{0.2}h(\alpha + \eta - \eta^2) \tag{6-2}$$

消去以上二式中的 η，并令：

$$N_{\mathrm{p}} = Af_{0.2} = (2\alpha + 1)A_{\mathrm{w}}f_{0.2} \tag{6-3}$$

$$M_{\mathrm{p}} = W_{\mathrm{p}}f_{0.2} = (\alpha A_{\mathrm{w}}h + 0.25A_{\mathrm{w}}h)f_{0.2} = (\alpha + 0.25)A_{\mathrm{w}}hf_{0.2} \tag{6-4}$$

得到 N-M 相关公式：

$$\frac{(2\alpha + 1)^2}{4\alpha + 1}\frac{N^2}{N_{\mathrm{p}}^2} + \frac{M}{M_{\mathrm{p}}} = 1 \tag{6-5}$$

（2）中和轴在翼缘范围内（$N > A_{\mathrm{w}}f_{0.2}$），按上述方法可得到 N-M 相关公式：

$$\frac{N}{N_{\mathrm{p}}} + \frac{4\alpha + 1}{2(2\alpha + 1)}\frac{M}{M_{\mathrm{p}}} = 1 \tag{6-6}$$

可见，式（6-5）与式（6-6）均为曲线（图6-2）。

若采用边缘屈服准则进行计算，即构件受力最大截面边缘处的最大应力达到名义屈曲强度，便认为达到强度极限，构件处在弹性工作阶段。如图 6-1（b）所示，由于处于弹性阶段，计算应采用弹性截面模量 W，且压力 N 与弯矩 M 产生的应力可以线性叠加，二者叠加的应力之和不应超过相应的材料名义屈服强度：

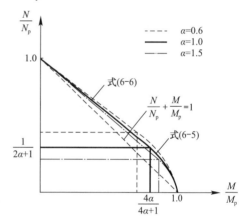

图 6-2 压弯和拉弯构件的截面 N-M 关系曲线

$$\frac{N}{A} + \frac{M}{W} \leqslant f_{0.2} \tag{6-7}$$

即：

$$\frac{N}{Af_{0.2}} + \frac{M}{Wf_{0.2}} \leqslant 1 \tag{6-8}$$

由此得到的 N-M 相关公式为线性的：

$$\frac{N}{N_{\mathrm{p}}} + \frac{M}{M_{\mathrm{p}}} \leqslant 1 \tag{6-9}$$

《铝合金标准》采用了线性相关公式代替曲线相关公式，但考虑截面可以部分塑性发展。令 $N_{\mathrm{p}} = Af_{0.2}$，$M_{\mathrm{p}} = \gamma Wf_{0.2}$，再引入抗力分项系数，即得到《铝合金标准》规定的弯矩作用在截面主平面内的拉弯和压弯构件强度计算公式：

$$\frac{N}{A} \pm \frac{M_{\mathrm{x}}}{\gamma_{\mathrm{x}}W_{\mathrm{x}}} \pm \frac{M_{\mathrm{y}}}{\gamma_{\mathrm{y}}W_{\mathrm{y}}} \leqslant f \tag{6-10}$$

对于毛截面，应采用式（6-11）验算：

$$\frac{N}{A_e} \pm \frac{M_x}{\gamma_x W_{ex}} \pm \frac{M_y}{\gamma_y W_{ey}} \leqslant f \tag{6-11}$$

对于净截面，应采用式（6-12）验算：

$$\frac{N}{0.9A_{en}} \pm \frac{M_x}{W_{enx}} \pm \frac{M_y}{W_{eny}} \leqslant f_{u,d} \tag{6-12}$$

式中 0.9 为考虑受拉时孔洞的不利影响的系数。采用式（6-12）计算净截面强度可以保证当材料屈强比相对较大时的安全性。

对于有局部焊接的截面，应采用式（6-13）验算：

$$\frac{N}{A_{u,e}} \pm \frac{M_x}{W_{u,ex}} \pm \frac{M_y}{W_{u,ey}} \leqslant f_{u,d} \tag{6-13}$$

当连续的局部焊接热影响区范围沿构件长度方向的尺寸超过截面最小尺寸时，还应按下式补充验算局部焊接截面：

$$\frac{N}{A_{u,e}} \pm \frac{M_x}{W_{u,ex}} \pm \frac{M_y}{W_{u,ey}} \leqslant f \tag{6-14}$$

式中 N——轴向拉力或轴向压力；

M_x、M_y——同一截面处绕截面主轴 x 轴和 y 轴的弯矩（对工字形截面，x 轴为强轴，y 轴为弱轴）；

A_e——有效毛截面面积，对于受拉构件仅考虑通长焊接影响，对于受压构件应同时考虑局部屈曲和通长焊接的影响，在考虑焊接影响时应使用 ρ_{haz} 计算有效厚度，若无局部屈曲和焊接时，$A_e = A$；

A_{en}——有效净截面面积，应同时考虑孔洞及其所在截面处焊接的影响，在考虑焊接影响时应使用 $\rho_{u,haz}$ 计算有效厚度；

$A_{u,e}$——有效焊接截面面积，对于受拉构件仅考虑局部焊接及其所在截面处可能存在的通长焊接的影响，对于受压构件应同时考虑局部焊接及其所在截面处可能存在的局部屈曲和通长焊接的影响，当采用式（6-13）时应使用 $\rho_{u,haz}$ 计算有效厚度；当采用式（6-14）时应使用 ρ_{haz} 计算有效厚度；

W_{ex}、W_{ey}——对截面主轴 x 轴和 y 轴的有效截面模量；应同时考虑局部屈曲和通长焊接的影响，在考虑焊接影响时应使用 ρ_{haz} 计算有效厚度，若无局部屈曲和焊接时，$W_e = W$；

W_{enx}、W_{eny}——对截面主轴 x 轴和 y 轴的有效截面模量；应同时考虑孔洞及其所在截面处焊接的影响，在考虑焊接影响时应使用 $\rho_{u,haz}$ 计算有效厚度；

$W_{u,ex}$、$W_{u,ey}$——对截面主轴 x 轴和 y 轴的有效焊接截面模量；应同时考虑局部焊接及其所在截面处可能存在的局部屈曲和通长焊接的影响，当采用式（6-13）时应使用 $\rho_{u,haz}$ 计算有效厚度；当采用式（6-14）时应使用 ρ_{haz} 计算有效厚度；

γ_x、γ_y——截面塑性发展系数，应按表 5-1 取用；

f——铝合金材料的抗拉、抗压和抗弯强度设计值。

考虑截面的塑性发展后，截面强度计算值大于按边缘纤维屈服准则得到的值。这时，按线性相关公式计算是偏于安全的。

6.1.2 拉弯和压弯构件的刚度

同轴心受力构件一样，为满足结构正常使用要求，拉弯和压弯构件应具备一定的刚度，应通过计算构件长细比是否超过规范规定的容许长细比来验算。《铝合金标准》根据构件类型和荷载情况，分别规定了拉弯和压弯构件的容许长细比，分别列于表 6-1 和表 6-2。

拉弯构件的容许长细比   表 6-1

序号	构件名称	一般建筑结构（承受静力荷载）
1	网壳构件、网架桁架支座附近构件	300
2	门式刚架、框架、网架桁架、塔架中的杆件	350
3	其他拉杆、支撑、系杆等	400

注：1. 承受静力荷载的结构中，可仅计算受拉构件在竖向平面内的长细比。
    2. 受拉构件在永久荷载与风荷载组合下受压时，其长细比不宜超过 250。
    3. 跨度等于或大于 60m 承受静力荷载的桁架，其受拉弦杆和腹杆的长细比不宜超过 300。

压弯构件的容许长细比   表 6-2

序号	构件名称	容许长细比
1	网架和网壳构件、框架柱塔架、桁架弦杆柱子缀条	150
2	门式刚架柱	180
3	框架、塔架、桁架支撑等	200
4	门式刚架支撑	220

注：1. 桁架（包括空间桁架）的受压腹杆，当其内力等于或小于承载能力的 50% 时，容许长细比可以取 200。
    2. 计算单角铝受压构件的长细比时，应采用角铝的最小回转半径，但计算在交叉点相互连接的交叉杆件平面外的长细比时，可采用与角铝肢边平行轴的回转半径。
    3. 跨度等于或大于 60m 的桁架，其受压弦杆和端压杆的容许长细比宜取 100，其他承受静力荷载的受压腹杆可取 150。

6.2 压弯构件的整体稳定性

既受压又受弯的杆件（也称梁柱）丧失稳定的现象也称为压弯构件的失稳。对于双轴对称的开口截面压弯构件和具有很大抗扭刚度的箱形截面压弯构件，可能在弯矩作用平面内发生弯曲失稳，也可能在弯矩作用平面外发生弯扭失稳。对于单轴对称截面的压弯构件，由于剪心与重心不重合，即使在轴心荷载作用下，也可能会导致杆件的扭转。对单轴对称截面压弯构件常采用措施防止截面扭转，因此，除考虑弯扭失稳外，还应考虑平面内弯曲失稳。对于无对称轴截面的压弯构件，将总是发生弯扭失稳。

6.2.1　弯矩作用平面内的稳定计算

确定压弯构件在弯矩作用平面内的整体稳定承载力的方法，可分为两大类。一

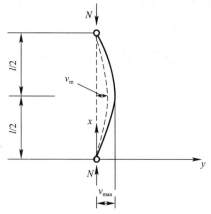

图 6-3　两端铰接的压弯构件

类是基于边缘屈服准则的计算方法；一类是基于最大强度准则的计算方法，即采用解析法和精度较高的数值计算方法。

1. 边缘屈服准则

（1）等效弯矩系数

以两端铰接的压弯构件为例（图 6-3），假设横向荷载作用下产生的跨中挠度为 v_m，并假设各点挠度沿构件全长呈正弦曲线分布。轴力作用后，跨中挠度增加 v_1，则构件中点挠度增加为：

$$v_\mathrm{max}=v_\mathrm{m}+v_1=\frac{1}{1-N/N_\mathrm{E}}v_\mathrm{m} \tag{6-15}$$

令 $\alpha=N/N_\mathrm{E}$，则跨中总弯矩为：

$$M_\mathrm{max}=M+N\frac{v_\mathrm{m}}{1-\alpha}=\frac{M}{1-\alpha}\left(1-\alpha+\frac{Nv_\mathrm{m}}{M}\right)=\frac{M}{1-\alpha}\left[1+\left(\frac{N_\mathrm{E}v_\mathrm{m}}{M}-1\right)\alpha\right]$$

$$=\frac{\beta_\mathrm{m}M}{1-\alpha}=\eta M \tag{6-16}$$

式中　M——横向荷载产生的跨中弯矩；

　　　β_m——等效弯矩系数，$\beta_\mathrm{m}=1+\left(\dfrac{N_\mathrm{E}v_\mathrm{m}}{M}-1\right)\dfrac{N}{N_\mathrm{E}}$；

　　　η——弯矩放大系数，$\eta=\dfrac{\beta_\mathrm{m}}{1-N/N_\mathrm{E}}$。

（2）压弯构件弯矩作用平面内稳定计算的边缘屈服准则

采用边缘屈服准则进行计算时，构件处于弹性状态；再考虑初始缺陷的影响，假定各种初始缺陷的等效初弯曲呈跨中挠度为 v_0 的正弦曲线，在任意横向荷载或端

弯矩作用下的计算弯矩为 M，根据上一节的介绍，可得跨中总弯矩为：

$$M_{\max} = \frac{\beta_m M + N v_0}{1 - \dfrac{N}{N_E}} \qquad (6\text{-}17)$$

构件中点截面边缘纤维刚刚达到屈服时，表达式为：

$$\frac{N}{A} + \frac{\beta_m M + N v_0}{\left(1 - \dfrac{N}{N_E}\right) W} = f_{0.2} \qquad (6\text{-}18)$$

对于轴心受力构件有 $M = 0$，且轴心力作用下的临界力 $N_0 = \varphi A f_{0.2} > N$，则式（6-18）可退化为考虑初始缺陷的轴心受压构件边缘屈服时的表达式：

$$\frac{N_0}{A} + \frac{N_0 v_0}{\left(1 - \dfrac{N_0}{N_E}\right) W} = f_{0.2} \qquad (6\text{-}19)$$

$$N_0 = \varphi A f_{0.2} \qquad (6\text{-}20)$$

由此可解得轴心受压构件等效初弯曲：

$$v_0 = \left(\frac{1}{\varphi} - 1\right)\left(1 - \varphi \frac{A f_{0.2}}{N_E}\right)\frac{W}{A} \qquad (6\text{-}21)$$

将式（6-21）代入式（6-18）中，整理得到弹性压弯构件边缘屈服准则相关公式：

$$\frac{N}{\varphi A} + \frac{\beta_m M}{\left(1 - \varphi \dfrac{N}{N_E}\right) W} = f_{0.2} \qquad (6\text{-}22)$$

式（6-22）采用了与轴心压杆相同的等效初弯曲，而轴心压杆的整体稳定计算公式考虑了残余应力和材料弹塑性影响，这使得由式（6-22）表示的压弯构件整体稳定性也间接地考虑了残余应力和材料非弹性的影响，因此式（6-22）并不是真正意义上的边缘纤维屈服准则，而是存在一定的误差。

2. 最大强度准则

压弯构件的受压最大边缘刚屈服时尚有较大的强度储备，可以容许截面发展一定的塑性。此外，压弯构件的稳定承载力极限值，不仅与构件的长细比和偏心率有关，且与构件的截面形式和尺寸、构件轴线的初弯曲、截面上残余应力的分布和大小、材料的应力-应变特性、端部约束条件以及荷载作用方式等因素有关。因此，宜采用最大强度准则，即采用考虑上述各种因素的数值分析法，并将承载力极限值的计算结果作为确定实用计算公式的依据。

随着影响因素的不同，计算曲线往往存有较大差异，很难用一个统一的公式来表达。研究发现，采用相关公式的形式可以较好地解决上述问题。但影响稳定极限承载力的因素众多，同时构件失稳时进入了弹塑性工作阶段，要获得精确的、符合各种不同情况的理论相关公式几乎不可能。因此，只能根据理论分析结果，经过数值运算，得到比较符合实际又能满足工程精度要求的实用相关公式。

因此，《铝合金标准》采用了弹性压弯构件边缘屈服准则相关公式的形式，对于构件长细比、合金种类、截面形式、受弯方向和荷载偏心率等参数影响通过修正系数 η 来考虑，提出近似相关公式：

$$\frac{N}{\varphi_x A} + \frac{M_x}{\gamma_x W_{1x}\left(1 - \eta_1 \dfrac{N}{N_E}\right)} = f_{0.2} \tag{6-23}$$

式中　φ_x——弯矩作用平面内的轴心受压构件整体稳定计算系数；

W_{1x}——在弯矩作用平面内对较大受压纤维的毛截面模量。

3.《铝合金标准》规定的压弯构件整体稳定计算公式

式（6-22）仅适用于弯矩沿杆长均匀分布的两端铰接压弯构件，当弯矩非均匀分布时，构件的实际承载力要高，采用等效弯矩 $\beta_{mx}M_x$ 来考虑。与轴压构件相同，当压弯构件截面中的受压板件的宽厚比大于规范规定时，还应考虑局部屈曲的影响。此外对焊接构件还应考虑焊接缺陷的影响。考虑上述各种因素，并引入抗力分项系数，即得到《铝合金标准》采用的压弯构件弯矩平面内的稳定计算式：

$$\frac{N}{\eta_{as}\eta_{haz}\varphi_x A_e} + \frac{\beta_{mx}M_x}{\gamma_x W_{1ex}\left(1 - \eta_1 \dfrac{N}{N'_E}\right)} \leqslant f \tag{6-24}$$

对于存在局部焊接的构件，除应按式（6-24）计算外，尚应按下式计算：

$$\frac{N}{\varphi_{x,haz}A_{u,e}} + \frac{M_x}{W_{u,1ex}\left(1 - \eta_1 \dfrac{N}{N'_E}\right)} \leqslant f_{u,d} \tag{6-25}$$

当连续的局部焊接热影响区范围沿构件长度方向的尺寸超过截面最小尺寸时，还应按下式补充验算：

$$\frac{N}{\varphi_{x,haz}A_{u,e}} + \frac{\beta_{mx}M_x}{W_{u,1ex}(1 - \eta_1 N/N'_{Ex})} \leqslant f \tag{6-26}$$

式中　N——所计算构件段范围内的轴心压力；

A_e——有效毛截面面积，对于受拉构件仅考虑通长焊接影响，对于受压构件应同时考虑局部屈曲和通长焊接的影响，在考虑焊接影响时应使用 ρ_{haz} 计算有效厚度，若无局部屈曲和焊接时，$A_e = A$；

$A_{u,e}$——有效焊接截面面积，对于受拉构件仅考虑局部焊接及其所在截面处可能存在的通长焊接的影响，对于受压构件应同时考虑局部焊接及其所在截面处可能存在的局部屈曲和通长焊接的影响；当采用式（6-25）时应使用 $\rho_{u,haz}$ 计算有效厚度；当采用式（6-26）时应使用 ρ_{haz} 计算有效厚度；

φ_x——弯矩作用平面内的轴心受压构件整体稳定计算系数；

$\varphi_{x,haz}$——局部焊接稳定系数（取截面两主轴稳定系数中的较小者），按公式（4-24）进行计算；

N'_E——参数，$N'_E = N_E/1.2$，相当于欧拉临界力除以抗力分项系数1.2；

M_x——所计算构件段范围内的最大弯矩；

W_{1ex}——在弯矩作用平面内对较大受压纤维的有效截面模量，应同时考虑局部屈曲和通长焊接的影响；

$W_{u,1ex}$——在弯矩作用平面内对较大受压纤维的有效焊接截面模量，应同时考虑局部焊接及其所在截面处可能存在的局部屈曲和通长焊接的影响；

η_1——修正系数，T6类合金取0.75，非T6类合金取0.9；

η_{haz}——通长焊接影响系数，按表4-10取用，无焊接时取值为1，发生扭转失稳或弯扭失稳时取值为1；

η_{as}——截面非对称性系数，按表4-10取用，构件为双轴对称截面时取值为1，发生扭转失稳或弯扭失稳时取值为1，等边角形截面构件发生绕非对称轴弯曲失稳时取值为1；

β_{mx}——等效弯矩系数。

γ_x——截面塑性发展系数，应按表5-1取用。

上式中的等效弯矩系数 β_{mx} 应按下列规定采用：

（1）框架柱和两端支承的构件：

1）无横向荷载作用时：$\beta_{mx} = 0.60 + 0.40 \dfrac{M_2}{M_1}$，$M_1$ 和 M_2 为端弯矩，使构件产生同向曲率（无反弯点）时取同号；使构件产生反向曲率（有反弯点）时取异号。$|M_1| \geqslant |M_2|$，此公式为研究人员通过大量数值分析得出的结论，并得到了试验结果的验证。

2）有端弯矩和横向荷载同时作用时：使构件产生同向曲率时，$\beta_{mx} = 1.0$；使构件产生反向曲率时，$\beta_{mx} = 0.85$。

3）无端弯矩但有横向荷载作用时：$\beta_{mx} = 1.0$。

（2）悬臂构件和分析内力未考虑二阶效应的无支撑纯框架和弱支撑框架柱，$\beta_{mx} = 1.0$。

对于单轴对称截面（如T形和槽形截面）压弯构件，当弯矩作用在对称轴平面内且使翼缘受压时，无翼缘侧有可能由于拉应力较大而首先屈服。对此种情况，除应按公式（6-24）进行计算外，尚应对无翼缘侧采用下式进行计算：

$$\left| \frac{N}{A_e} - \frac{\beta_{mx} M_x}{\gamma_x W_{2ex}(1 - \eta_2 N/N'_E)} \right| \leqslant f \tag{6-27}$$

对于存在局部焊接的构件，除应按式（6-27）计算外，尚应按下式计算：

$$\left| \frac{N}{A_{u,e}} - \frac{\beta_{mx} M_x}{W_{u,2ex}(1 - \eta_2 N / N_E')} \right| \leqslant f_{u,d} \tag{6-28}$$

当连续的局部焊接热影响区范围沿构件长度方向的尺寸超过截面最小尺寸时，还应按下式补充验算：

$$\left| \frac{N}{A_{u,e}} - \frac{\beta_{mx} M_x}{W_{u,2ex}(1 - \eta_2 N / N_E')} \right| \leqslant f \tag{6-29}$$

式中　W_{2ex}——对无翼缘端的有效截面模量，应同时考虑局部屈曲和通长焊接的影响；

$W_{u,2ex}$——对无翼缘端的有效焊接截面模量，应同时考虑局部焊接及其所在截面处可能存在的局部屈曲和通长焊接的影响；当采用式（6-28）时应使用 $\rho_{u,haz}$ 计算有效厚度；当采用式（6-29）时应使用 ρ_{haz} 计算有效厚度；

η_2——压弯构件受拉侧的修正系数，T6类合金取1.15，非T6类合金取1.25。

修正系数 η_1 和 η_2 值与构件长细比、合金种类、截面形式、受弯方向和荷载偏心率等参数有关。针对上述各种参数进行大量数值计算，并将承载力极限值的理论计算结果代入式（6-24）和式（6-27），可以得到一系列 η_1 和 η_2 值。分析表明，η_1 和 η_2 值与铝合金的材料类型关系较大，根据T6类合金和非T6类合金对 η_1 和 η_2 分别取值较为合适。

国内学者针对两端弯矩相等的压弯构件的面内稳定进行了相关试验，试件截面包括双轴对称H形截面以及双轴对称方管截面；针对两端弯矩不相等的压弯构件的面内稳定也进行了相关试验，试件截面为双轴对称H形截面。图6-4为我国标准公式（6-24）、数值计算结果、欧洲规范相应公式的比较情况，可见我国标准公式是偏于安全的。图6-5为试验结果与我国标准公式计算结果的比较情况，可见两者吻合得较好。

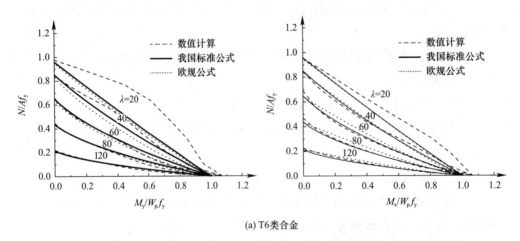

(a) T6类合金

图6-4　压弯构件轴力-弯矩相关关系规范结果与数值计算结果和欧洲规范结果的对比（一）

（x 为强轴，y 为弱轴）

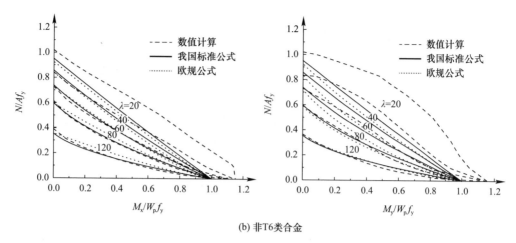

(b) 非T6类合金

图 6-4　压弯构件轴力-弯矩相关关系规范结果与数值计算结果和欧洲规范结果的对比（二）

（x 为强轴，y 为弱轴）

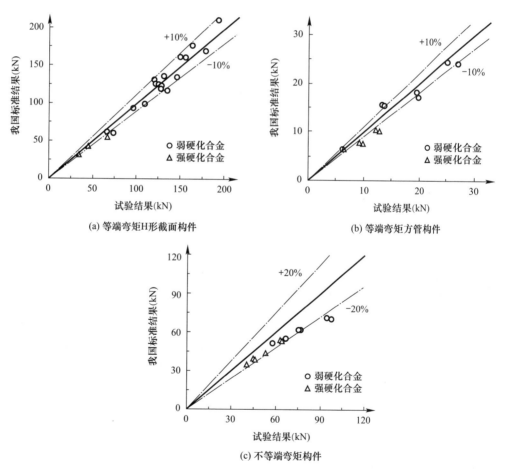

(a) 等端弯矩H形截面构件

(b) 等端弯矩方管构件

(c) 不等端弯矩构件

图 6-5　单向压弯构件面内失稳试验结果与我国标准结果的对比

6.2.2 弯矩作用平面外的稳定计算

双轴对称截面（如工字形截面和箱形截面）的压弯构件，当弯矩作用在最大刚度平面内时，还应校核其弯矩作用平面外的稳定性。

弯矩作用平面外的屈曲包括绕 y 轴的弯曲屈曲与绕 z 轴的扭转屈曲两部分。

根据经典弹性理论，偏心距为 e 的双轴对称截面两端铰接偏心压杆，其平面外弯扭失稳的临界力计算式为：

$$(N_{Ey}-N)(N_z-N)-N^2\left(\frac{e}{i_0}\right)^2=0 \tag{6-30}$$

上式的解即为偏心距为 e 的双轴对称截面偏心压杆的临界力。式（6-30）中，N_{Ey} 为轴压构件绕 y 轴弯曲屈曲临界力，$N_{Ey}=\dfrac{\pi^2 EI_y}{l^2}$。$N_z$ 为轴压构件绕 z 轴扭转屈曲临界力，$N_z=\left(\dfrac{\pi^2 EI_\omega}{l^2}+GI_t\right)\dfrac{1}{i_0^2}$，$I_t$ 为截面的抗扭惯性矩，I_ω 为截面的翘曲惯性矩，i_0 为截面的极回转半径，$i_0^2=\dfrac{I_x+I_y}{A}$。

若设端弯矩 $M_x=Ne$ 保持定值，在 e 无限增加的同时，N 趋近于零，则由式（6-30）可得到双轴对称截面纯弯简支梁的临界弯矩：

$$M_{crx}=\sqrt{i_0^2 N_{Ey} N_z} \tag{6-31}$$

由此，式（6-30）可改写为：

$$\left(1-\frac{N}{N_{Ey}}\right)\left(1-\frac{N}{N_{Ey}}\frac{N_{Ey}}{N_z}\right)-\left(\frac{M_x}{M_{crx}}\right)^2=0 \tag{6-32}$$

此式即双轴对称截面压弯构件在弯矩作用平面外稳定计算的相关方程，由式（6-32）可知，$\dfrac{N_z}{N_{Ey}}$ 值越大，压弯构件弯扭屈曲的承载能力越高。对于常用的双轴对称工字形截面，其 $\dfrac{N_z}{N_{Ey}}$ 总是大于 1.0 的，如偏安全地取 $\dfrac{N_z}{N_{Ey}}=1.0$，则式（6-32）化简为：

$$\left(\frac{M_x}{M_{crx}}\right)^2=\left(1-\frac{N}{N_{Ey}}\right)^2 \tag{6-33}$$

$$\frac{N}{N_{Ey}}+\frac{M_x}{M_{crx}}=1 \tag{6-34}$$

由弹性稳定理论导出的线性相关公式（6-34）是偏于安全的，并与理论分析和试验结果进行对比分析后表明，此式同样适用于弹塑性压弯构件的平面外弯扭屈曲计算。然而，目前对单轴对称截面压弯构件弯矩作用平面外稳定性的研究还不充分，因此，暂定相关公式（6-34）仅适用于双轴对称实腹式工字形（含 H 形）和箱形（闭口）截面的压弯构件。

在式（6-34）中，将 $N_{\mathrm{Ey}}=\varphi_y f_{0.2} A$，$M_{\mathrm{crx}}=\varphi_b f_{0.2} W_{\mathrm{1ex}}$ 代入，并引入非均匀弯矩作用时的等效弯矩系数 β_{tx}、箱形截面的调整系数 η 以及抗力分项系数后，即得到《铝合金标准》规定的双轴对称实腹式工字形（含 H 形）和箱形（闭口）截面压弯构件在弯矩作用平面外稳定计算的相关公式：

$$\frac{N}{\varphi_y A_e}+\eta\,\frac{\beta_{\mathrm{tx}} M_x}{\varphi_b W_{\mathrm{1ex}}}\leqslant f \tag{6-35}$$

对于存在局部焊接的构件，除应按式（6-34）计算外，尚应按下式计算：

$$\frac{N}{\varphi_{\mathrm{y,haz}} A_{\mathrm{u,e}}}+\eta\,\frac{\beta_{\mathrm{tx}} M_x}{\varphi_{\mathrm{b,haz}} W_{\mathrm{u,1ex}}}\leqslant f_{\mathrm{u,d}} \tag{6-36}$$

当连续的局部焊接热影响区范围沿构件长度方向的尺寸超过截面最小尺寸时，还应按下式补充验算：

$$\frac{N}{\varphi_{\mathrm{y,haz}} A_{\mathrm{u,e}}}+\eta\,\frac{\beta_{\mathrm{tx}} M_x}{\varphi_{\mathrm{b,haz}} W_{\mathrm{u,1ex}}}\leqslant f \tag{6-37}$$

式中　φ_y——弯矩作用平面外的轴心受压构件整体稳定计算系数；

　　$\varphi_{\mathrm{y,haz}}$——弯矩作用平面外的轴心受压构件局部焊接整体稳定计算系数；

　　φ_b——受弯构件整体稳定系数，对闭口截面为 1.0；

　　$\varphi_{\mathrm{b,haz}}$——受弯构件局部焊接整体稳定系数，对闭口截面为 1.0；

　　M_x——所计算构件段范围内的最大弯矩；

　　W_{1ex}——在弯矩作用平面内对较大受压纤维的有效截面模量，应同时考虑局部屈曲和通长焊接的影响；

　　$W_{\mathrm{u,1ex}}$——在弯矩作用平面内对较大受压纤维的有效焊接截面模量，应同时考虑局部焊接及其所在截面处可能存在的局部屈曲和通长焊接的影响；

　　η——截面影响系数，闭口截面为 0.7，开口截面为 1.0；

　　β_{tx}——等效弯矩系数。

上式中的等效弯矩系数 β_{tx} 应按下列规定采用：

（1）框架柱和两端支承的构件：

1）无横向荷载作用时：$\beta_{\mathrm{tx}}=0.65+0.35\dfrac{M_2}{M_1}$，$M_1$ 和 M_2 为端弯矩，使构件产生同向曲率（无反弯点）时取同号；使构件产生反向曲率（有反弯点）时取异号。$|M_1|\geqslant|M_2|$，此公式为研究人员通过大量数值分析得出的结论，并得到了试验结果的验证。

2）有端弯矩和横向荷载同时作用时：使构件产生同向曲率时，$\beta_{\mathrm{tx}}=1.0$；使构件产生反向曲率时，$\beta_{tx}=0.85$。

3）无端弯矩但有横向荷载作用时：$\beta_{tx}=1.0$。

（2）弯矩作用平面外为悬臂的构件：$\beta_{tx}=1.0$。

我国学者针对等端弯矩压弯构件的面外稳定进行了相关试验，试件截面包括双轴对称 H 形截面以及双轴对称方管截面；针对不等端弯矩压弯构件的面外稳定也进行了相关试验，试件截面包括双轴对称 H 形截面以及双轴对称方管截面。图 6-6 为试验所得稳定承载力与我国标准相应公式的比较情况，可见本公式是偏于安全的。

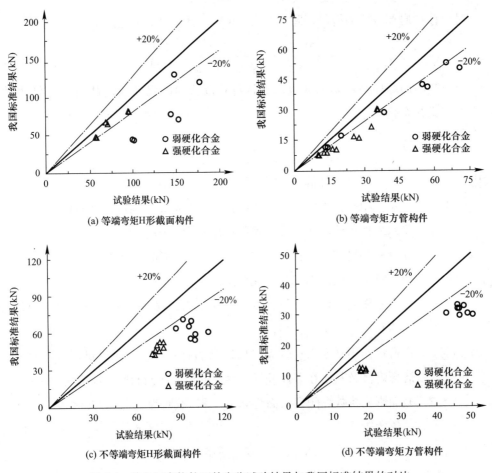

图 6-6　单向压弯构件面外失稳试验结果与我国标准结果的对比

【例题 6-1】　铝合金压弯构件的设计计算。

一压弯构件长 8m，截面为 H400×280×18×20，同时在构件中央上下翼缘上各开两个直径为 20mm 的孔（图 6-7）。构件两端在截面两主轴方向均为铰接，承受轴心压力设计值 $N=800$kN，中央截面有集中力设计值 $F=100$kN。支座处及构件中央处有平面外支承点。该构件的材料为挤压铝合金 6061-T6。计算该构件的强度、刚度和整体稳定性。

【解】 构件截面为 H400×280×18×20，其截面特性如下：

毛截面面积：$A=17680\text{mm}^2$

绕强轴毛截面惯性矩：$I_x=474677333\text{mm}^4$

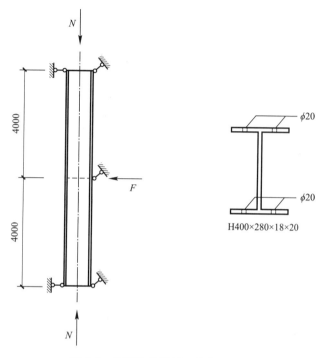

图 6-7　压弯构件算例（单位：mm）

绕弱轴毛截面惯性矩：$I_y=73348293\text{mm}^4$

绕强轴毛截面模量：$W_x=2373387\text{mm}^3$

绕弱轴毛截面模量：$W_y=523916\text{mm}^3$

绕强轴回转半径：$i_x=164\text{mm}$

绕弱轴回转半径：$i_y=64.4\text{mm}$

毛截面扇性惯性矩：$I_\omega=2.63233\times10^{12}\text{mm}^6$

毛截面扭转惯性矩：$I_t=2193173\text{mm}^4$

净截面面积：$A_n=16080\text{mm}$

绕强轴净截面惯性矩：$I_{nx}=416864000\text{mm}^4$

绕强轴净截面模量：$W_{nx}=2084320\text{mm}^3$

中和轴以上净截面的面积矩：$S_{n,\max}=1203600\text{mm}^3$

开孔处翼缘对中和轴的面积矩：$S_{n1}=912000\text{mm}^3$

构件材料为 6061-T6 挤压铝合金，其材料设计指标如下：

名义屈服强度：$f_{0.2}=240\text{MPa}$

名义屈服强度设计值：$f=200\text{MPa}$

抗剪强度设计值：$f_v=115\text{MPa}$

极限抗拉强度设计值：$f_{u,d}=200\text{MPa}$

弹性模量：$E=70000\text{MPa}$

剪切模量：$G=27000\text{MPa}$

（1）内力计算

轴力设计值：$N=800\text{kN}$

跨中最大弯矩设计值：$M=\dfrac{FL}{4}=\dfrac{100\times8}{4}=200\text{kN}\cdot\text{m}$

最大剪力：$V=\dfrac{F}{2}=\dfrac{100}{2}=50\text{kN}$

（2）判断构件是否全截面有效

当受压构件的板件宽厚比过大，在压力作用下，将会出现局部屈曲，此时应计算构件的有效截面。若受压板件的宽厚比能满足规定的限值，则认为构件全截面有效，不需计算有效截面。

1）对于受压翼缘，属于非焊接、非加劲板件：

计算系数 ε 与材料名义屈服强度相关，$\varepsilon=\sqrt{240/f_{0.2}}=1$；

受压翼缘可视为均匀受压板件，则计算系数 $k'=1.0$；

对于不带加劲肋的板件，加劲肋修正系数 $\eta=1$；

则受压翼缘宽厚比限值为：$(b/t)_{\max}=7\varepsilon\sqrt{\eta k'}=7$；

受压翼缘宽厚比为：$b/t=6.55<7$。

因此，受压翼缘全截面有效。

2）对于腹板，属于非焊接、加劲板件，值得注意的是，从构件端部到跨中，弯矩从 0 增加至 $200\text{kN}\cdot\text{m}$，则腹板从均匀受压板件转变为不均匀受压板件，二者对于受压板件宽厚比限值的计算方法是不同的。经计算得出，端部处宽厚比限值最小，跨中处宽厚比限值最大，此处分别给出端部和翼缘处的宽厚比限值计算过程。

计算系数 ε 与材料名义屈服强度相关，$\varepsilon=\sqrt{240/f_{0.2}}=1$；

《铝合金标准》中未给出类似工字形截面腹板这类加劲板件的加劲肋修正系数 η 的计算方法，此处保守取值，按非加劲板件，取加劲肋修正系数 $\eta=1$；

对于端部处，腹板为均匀受压板件，计算系数 $k'=1.0$；则 $(b/t)_{\max}=21.5\varepsilon\sqrt{\eta k'}=21.5$。

对于跨中处，腹板为不均匀受压板件，

腹板所受最大压应力：$\sigma_{max} = \dfrac{N}{A_n} + \dfrac{My}{I_{nx}} = \dfrac{800 \times 10^3}{16080} + \dfrac{200 \times 10^6}{416864000} = 136.11\text{MPa}$；

腹板另一边缘所受压力：$\sigma_{min} = \dfrac{N}{A_n} - \dfrac{My}{I_{nx}} = \dfrac{800 \times 10^3}{16080} - \dfrac{200 \times 10^6}{416864000} = -36.61\text{MPa}$；

压应力分布不均匀系数：$\psi = \dfrac{\sigma_{min}}{\sigma_{max}} = -0.269$；

不均匀受压情况下的板件局部稳定系数：

$k = 7.81 - 6.29\psi + 9.78\psi^2 = 7.81 - 6.29 \times (-0.269) + 9.78 \times (-0.269)^2 = 10.2092$；

对于加劲板件，均匀受压的板件局部稳定系数：$k_0 = 4$；则计算系数 $k' = k/k_0 = 10.2092/4 = 2.5523$；可得 $(b/t)_{max} = 21.5\varepsilon\sqrt{\eta k'} = 21.5 \times 1 \times \sqrt{2.5523} = 34.35$。

对比构件端部和跨中处腹板的宽厚比限值，显然端部更为不利，计算得到腹板宽厚比 $b/t = 20 < 21.5$，故腹板全截面有效。

综上所述，该构件全截面有效，不需计算有效截面。

（3）截面强度验算

1）毛截面最大正应力验算

查标准可知，绕强轴截面塑性发展系数 $\gamma_x = 1.00$；

跨中处毛截面最大弯矩截面的正应力为：

$$\sigma_{max} = \frac{N}{A} + \frac{M}{\gamma_x W_x} = \frac{800 \times 10^3}{17680} + \frac{200 \times 10^6}{1.00 \times 2373387} = 129.52\text{MPa} < f = 200\text{MPa}$$

2）净截面最大正应力验算

跨中处净截面最大弯矩截面的正应力为：

$$\sigma_{n,max} = \frac{N}{0.9A_n} + \frac{M}{W_{nx}} = \frac{800 \times 10^3}{0.9 \times 16080} + \frac{200 \times 10^6}{2084320} = 151.23\text{MPa} < f_{u,d} = 200\text{MPa}$$

3）最大剪应力验算

$$\tau_{max} = \frac{VS_{n,max}}{I_{nx}t_w} = \frac{50 \times 10^3 \times 1203600}{416864000 \times 18} = 8.02\text{MPa} < f_v = 115\text{MPa}$$

4）跨中处腹板计算高度边缘处折算应力验算（无局部承压应力）

正应力：$\sigma_1 = \dfrac{N}{A_n} + \dfrac{My}{I_{nx}} = \dfrac{800 \times 10^3}{16080} + \dfrac{200 \times 10^6 \times (400/2 - 20)}{416864000} = 136.11\text{MPa}$

剪应力：$\tau_1 = \dfrac{VS_{n1}}{I_{nx}t_w} = \dfrac{50 \times 10^3 \times 912000}{416864000 \times 18} = 6.08\text{MPa}$

折算应力：

$$\sigma_{zs} = \sqrt{\sigma_1^2 + \sigma_c^2 - \sigma_1\sigma_c + 3\tau_1^2} = \sqrt{136.11^2 + 3 \times 6.08^2}$$

$$= 136.52\text{MPa} < \beta_1 f = 1.1 \times 200 = 220\text{MPa}$$

综上所述，截面强度验算满足要求。

（4）平面内整体稳定性验算

平面内计算长度：$l_x=8m$；

平面内长细比：$\lambda_x=l_x/i_x=8000/164=48.8$；

平面内相对长细比：$\bar{\lambda}_x=\sqrt{\dfrac{Af_{0.2}}{N_{cr}}}=\sqrt{\dfrac{17680\times240}{\pi^2\times70000\times474677333/8000^2}}=0.91$；

构件的几何缺陷系数：$\eta=\alpha\ (\bar{\lambda}-\bar{\lambda}_0)=0.22\times(0.91-0.15)=0.167$；

弯矩作用平面内的轴心受压构件整体稳定计算系数：

$$\varphi_x=\dfrac{1+\eta+\bar{\lambda}^2}{2\bar{\lambda}^2}-\sqrt{\left(\dfrac{1+\eta+\bar{\lambda}^2}{2\bar{\lambda}^2}\right)^2-\dfrac{1}{\bar{\lambda}^2}}$$

$$=\dfrac{1+0.167+0.91^2}{2\times0.91^2}-\sqrt{\left(\dfrac{1+0.167+0.91^2}{2\times0.91^2}\right)^2-\dfrac{1}{0.91^2}}=0.711$$；

双轴对称截面的截面非对称性系数：$\eta_{as}=1$；

无焊接时，通长焊接影响系数：$\eta_{haz}=1$；

有端弯矩和横向荷载同时作用，且使构件产生同向曲率，则等效弯矩系数：$\beta_{mx}=1.0$；

欧拉临界力：$N_E=\pi^2\times70000\times474677333/8000^2/1000=5124kN$；

折减后欧拉临界力为：$N'_E=N_E/1.2=5124/1.2=4270kN$；

T6 类合金的修正系数 η_1 取 0.75；

则：

$$\dfrac{N}{\eta_{as}\eta_{haz}\varphi_x A}+\dfrac{\beta_{mx}M_x}{\gamma_x W_x\left(1-\eta_1\dfrac{N}{N'_E}\right)}$$

$$=\dfrac{800\times10^3}{1\times1\times0.711\times17680}+\dfrac{1\times200\times10^3}{1.0\times2373387\times\left(1-0.75\times\dfrac{800}{4270}\right)}$$

$$=161.7MPa\leqslant200MPa$$

因此，平面内整体稳定性满足要求。

（5）平面外整体稳定性验算

按跨中横向荷载将构件分为两段，其荷载和内力分布情况相同。

平面外计算长度：$l_y=0.5\times8=4m$；

平面外长细比：$\lambda_y=l_y/i_y=4000/64.4=62.1$；

平面外相对长细比：$\bar{\lambda}_y=\dfrac{\bar{\lambda}}{\pi}\sqrt{\dfrac{f_{0.2}}{E}}=\dfrac{62.1}{\pi}\sqrt{\dfrac{240}{70000}}=1.16$；

构件的几何缺陷系数：$\eta = \alpha\ (\bar{\lambda} - \bar{\lambda}_0) = 0.22 \times (1.16 - 0.15) = 0.222$；

弯矩作用平面外的轴心受压构件整体稳定计算系数：

$$\varphi_y = \frac{1 + \eta + \bar{\lambda}^2}{2\bar{\lambda}^2} - \sqrt{\left(\frac{1 + \eta + \bar{\lambda}^2}{2\bar{\lambda}^2}\right)^2 - \frac{1}{\bar{\lambda}^2}}$$

$$= \frac{1 + 0.222 + 1.16^2}{2 \times 1.16^2} - \sqrt{\left(\frac{1 + 0.222 + 1.16^2}{2 \times 1.16^2}\right)^2 - \frac{1}{1.16^2}} = 0.547$$

然后需计算受弯构件整体稳定系数 φ_b，计算过程如下：

根据荷载作用形式和位置，确定 β_1、β_2、β_3 分别为 1.070、0.432、3.050；

对于双轴对称截面，截面不对称系数 $\beta_y = 0$；

横向荷载作用于剪切中心，则 $e_a = 0$；

则弯扭稳定临界弯矩为：

$$M_{cr} = \beta_1 \frac{\pi^2 E I_y}{l_y^2}\left[\beta_2 e_a + \beta_3 \beta_y + \sqrt{(\beta_2 e_a + \beta_3 \beta_y)^2 + \frac{I_\omega}{I_y}\left(1 + \frac{G I_t l_\omega^2}{\pi^2 E I_\omega}\right)}\right]$$

$$= 1.070 \times \frac{\pi^2 \times 70000 \times 73348293}{4000^2}\left[\sqrt{\frac{2.63 \times 10^{12}}{73348293}\left(1 + \frac{27000 \times 2193173 \times 4000^2}{\pi^2 \times 70000 \times 2.63 \times 10^{12}}\right)}\right]$$

$$= 641.99 \text{kN} \cdot \text{m}$$

构件稳定相对长细比：$\bar{\lambda}_b = \sqrt{\dfrac{W_x f}{M_{cr}}} = \sqrt{\dfrac{2373387 \times 200}{641.99 \times 10^6}} = 0.8599$；

构件的几何缺陷系数：$\eta_b = \alpha_b(\bar{\lambda}_b - \bar{\lambda}_{0b}) = 0.2 \times (0.8599 - 0.36) = 0.0100$；

则受弯构件整体稳定系数为：

$$\varphi_b = \frac{1 + \eta_b + \bar{\lambda}_b^2}{2\bar{\lambda}_b^2} - \sqrt{\left(\frac{1 + \eta_b + \bar{\lambda}_b^2}{2\bar{\lambda}_b^2}\right)^2 - \frac{1}{\bar{\lambda}_b^2}}$$

$$= \frac{1 + 0.0100 + 0.8599^2}{2 \times 0.8599^2} - \sqrt{\left(\frac{1 + 0.0100 + 0.8599^2}{2 \times 0.8599^2}\right)^2 - \frac{1}{0.8599^2}}$$

$$= 0.8026$$

对于该构件，截面影响系数 η 取为 1.0；等效弯矩系数根据相邻侧向支撑点间构件

段的荷载和内力情况确定，有端弯矩，无横向荷载，则 $\beta_{tx} = 0.65 + 0.35\dfrac{M_2}{M_1} = 0.65$；

可得：

$$\frac{N}{\varphi_y A} + \eta\frac{\beta_{tx} M_x}{\varphi_b W_x} = \frac{800 \times 10^3}{0.547 \times 17680} + \frac{1 \times 0.65 \times 200 \times 10^3}{0.8026 \times 2373387} = 151.0 \text{MPa} \leqslant f = 200 \text{MPa}$$

因此，平面外整体稳定性满足要求。

（6）刚度验算

为满足结构正常使用要求，压弯构件应具备一定的刚度，可通过计算构件长细比是否超过规范规定的容许长细比来验算。铝合金工字形构件常用于网架和网壳构件，其压弯构件的容许长细比为150。

$$\lambda_{max} = \max(\lambda_x, \lambda_y) = 62.1 < 150$$

因此，刚度可满足要求。

6.2.3 双向弯曲压弯构件的整体稳定

双向弯曲的压弯构件，其稳定承载力极限值的计算较为复杂，一般仅考虑双轴对称截面的情况。规范采用的半经验性质的线性相关公式形式简单，可使双向弯曲压弯构件的稳定计算与轴心受压构件、单向弯曲压弯构件以及双向弯曲受弯构件的稳定计算都能互相衔接。

$$\frac{N}{\varphi_x A_e} + \frac{\beta_{mx} M_x}{\gamma_x W_{ex}(1 - \eta_1 N/N'_{Ex})} + \eta \frac{\beta_{ty} M_y}{\varphi_{by} W_{ey}} \leqslant f \tag{6-38}$$

$$\frac{N}{\varphi_y A_e} + \eta \frac{\beta_{tx} M_x}{\varphi_{bx} W_{ex}} + \frac{\beta_{my} M_y}{\gamma_y W_{ey}(1 - \eta_1 N/N'_{Ey})} \leqslant f \tag{6-39}$$

对于存在局部焊接的构件，除应按式（6-38）和式（6-39）计算外，尚应按下列公式计算：

$$\frac{N}{\varphi_{x,haz} A_e} + \frac{\beta_{mx} M_x}{W_{u,ex}(1 - \eta_1 N/N'_{Ex})} + \eta \frac{\beta_{ty} M_y}{\varphi_{by,haz} W_{u,ey}} \leqslant f_{u,d} \tag{6-40}$$

$$\frac{N}{\varphi_{y,haz} A_e} + \eta \frac{\beta_{tx} M_x}{\varphi_{bx,haz} W_{u,ex}} + \frac{\beta_{my} M_y}{W_{u,ey}(1 - \eta_1 N/N'_{Ey})} \leqslant f_{u,d} \tag{6-41}$$

当连续的局部焊接热影响区范围沿构件长度方向的尺寸超过截面最小尺寸时，还应按下式补充验算：

$$\frac{N}{\varphi_{x,haz} A_e} + \frac{\beta_{mx} M_x}{W_{u,ex}(1 - \eta_1 N/N'_{Ex})} + \eta \frac{\beta_{ty} M_y}{\varphi_{by,haz} W_{u,ey}} \leqslant f \tag{6-42}$$

$$\frac{N}{\varphi_{y,haz} A_e} + \eta \frac{\beta_{tx} M_x}{\varphi_{bx,haz} W_{u,ex}} + \frac{\beta_{my} M_y}{W_{u,ey}(1 - \eta_1 N/N'_{Ey})} \leqslant f \tag{6-43}$$

式中　φ_x、φ_y——对强轴 x-x 和弱轴 y-y 的轴心受压构件稳定计算系数；

$\varphi_{x,haz}$、$\varphi_{y,haz}$——对强轴 x-x 和弱轴 y-y 的轴心受压构件局部焊接整体稳定计算系数；

φ_{bx}、φ_{by}——受弯构件的整体稳定系数，对闭口截面取 1.0；

$\varphi_{bx,haz}$、$\varphi_{by,haz}$——受弯构件局部焊接整体稳定系数，对闭口截面为 1.0；

M_x、M_y——所计算构件段范围内对强轴和弱轴的最大弯矩；

N'_{Ex}、N'_{Ey}——参数，$N'_{Ex} = \pi^2 EA/(1.2\lambda_x^2)$，$N'_{Ey} = \pi^2 EA/(1.2\lambda_y^2)$；

W_{ex}、W_{ey}——对强轴和弱轴的有效截面模量，应同时考虑局部屈曲和通长焊接的影响；

$W_{u,ex}$、$W_{u,ey}$——对截面强轴和弱轴的有效焊接截面模量；应同时考虑局部焊接及其所在截面处可能存在的局部屈曲和通长焊接的影响；当采用式（6-38）和式（6-39）时应使用 $\rho_{u,haz}$ 计算有效厚度；当采用式（6-40）和式（6-41）时应使用 ρ_{haz} 计算有效厚度；

η——截面影响系数，闭口截面为 0.7，开口截面为 1.0；

η_1——修正系数，T6 类合金取 0.75，非 T6 类合金取 0.9；

β_{mx}、β_{my}——弯矩作用平面内等效弯矩系数；

β_{tx}、β_{ty}——弯矩作用平面外等效弯矩系数。

我国学者针对双向弯曲铝合金压弯构件的稳定做了相关试验，包括双轴对称 H 形截面试件以及双轴对称扁管试件。图 6-8 为该试验所得稳定承载力与我国标准相应公式的比较情况，我国标准公式是偏于安全的。

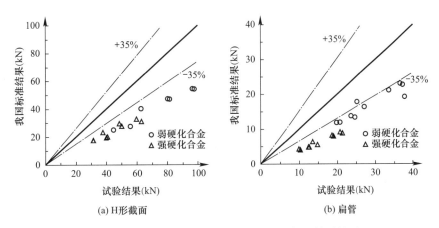

图 6-8　双向压弯构件失稳试验结果与我国标准结果的对比

【习题】

6-1　比较轴心受压构件、受弯构件和压弯构件整体失稳现象。

6-2　怎样保证压弯构件的强度和刚度？

6-3　哪些情况下压弯构件既可能发生平面内失稳，也可能发生平面外失稳？

6-4　面内整体失稳和面外整体失稳的概念是什么？为什么这样区分？为何在轴压构件和受弯构件中未采用这样的概念？

6-5　单向压弯构件平面外失稳的内在原因是什么？

6-6 单向压弯构件，两端铰接。已知承受轴心压力设计值 $N=400\text{kN}$，一端弯矩设计值为 $M_A=120\text{kN·m}$，一端弯矩设计值为 $M_B=50\text{kN·m}$，顺时针方向作用施加在构件端部。构件长 6.2m，在构件两端及跨度中点各有一侧向支撑点。构件截面为 H350×200×10×6，材料为 6061-T6 铝合金。试验算此构件的稳定和截面强度。

6-7 单向压弯构件，两端铰接。已知承受轴心压力设计值 $N=1200\text{kN}$，跨中作用有集中荷载设计值 $F=200\text{kN}$。构件长 12m，在构件两端及跨度三分点处各有一侧向支撑点（即每隔 4m 设置一处支撑）。构件截面为 H300×540×20×12，材料为 6061-T6 铝合金。试验算此构件的整体稳定。

第 7 章

铝合金空间网格结构设计

【知识点】 铝合金空间网格结构形式与选型，结构的荷载及组合，结构的内力与位移分析，杆件及节点设计。

【重点】 铝合金空间网格结构形式与选型，结构的荷载及组合，结构的内力与位移分析，杆件及节点设计。

【难点】 基于有限元分析软件对结构进行内力与位移分析，杆件设计，节点设计。

空间网格结构是按一定规律布置的杆件通过节点连接而构成的空间受力结构，常见的形式包括网架、曲面形网壳以及立体桁架等。其不仅可以跨越较大距离、受力合理，还可以根据实际需要满足建筑造型及设备工艺的要求。尽管我国对空间网格结构的研究起步较晚，但经过几十年的快速发展，我国目前已经成为世界上空间结构大国之一。铝合金由于其独有的特点，在与空间网格结构相结合的过程中逐渐发挥出优势，受到越来越多的关注与青睐。因此，建立铝合金空间网格结构设计与计算方法十分有必要。

7.1 结构形式与选型

铝合金空间网格结构的网格形式与钢空间网格结构的网格形式基本类似，可采用平面网架结构体系或网壳结构体系。铝合金网架结构主要有交叉桁架体系、四角锥体系和三角锥体系，每种体系又有多种形式，共 13 种。铝合金网壳结构主要以单层网壳为主，网格形式与钢单层网壳结构的网格形式类似。目前我国已建和在建的铝合金网格结构中，网架结构主要为螺栓球节点网架结构，单层网壳主要为板式节点网壳结构，双层网壳则为弗伦迪尔小跨度双层网壳结构。

结构的选型应结合建筑平面形状、跨度大小、支承情况、荷载条件、屋面构造与建筑功能等要求综合分析确定。杆件布置及支承情况应保证结构体系几何不变。

铝合金空间网架结构在进行结构选型时，网架高度、网格尺寸、网架高跨比、网格数量的选取可参照《铝合金空间网格结构技术规程》T/CECS 634—2019 中的相关规定。网架结构可选用下列网格形式：

（1）由交叉桁架体系组成的两向正交正放网架、两向正交斜放网架、两向斜交斜放网架、三向网架；

（2）由四角锥体系组成的正放四角锥网架、正放抽空四角锥网架、棋盘形四角锥网架、斜放四角锥网架、星形四角锥网架；

（3）由三角锥体系组成的三角锥网架、抽空三角锥网架、蜂窝形三角锥网架。

平面形状为矩形的周边支承网架，当其边长比（即长边与短边之比）小于或等于 1.5 时，宜选用正放四角锥网架、斜放四角锥网架、棋盘形四角锥网架、正放抽空四角锥网架、两向正交斜放网架、两向正交正放网架。当其边长比大于 1.5 时，宜选用两向正交正放网架、正放四角锥网架或正放抽空四角锥网架。网架的厚度与网格尺寸应根据跨度大小、荷载条件、柱网尺寸、支承情况、网格形式、构造要求和建筑功能等因素确定，网架的厚跨比可取 1/18～1/10。网架在短向跨度的网格数不宜小于 5。确定网格尺寸时宜使相邻杆件间的夹角大于 45°，且不宜小于 30°。网壳结构可采用球面、圆柱面、双曲抛物面、椭圆抛物面等曲面形式，也可采用各种组合曲面形式。

网壳可选用下列网格形式：

（1）单层圆柱面网壳可采用单向斜杆正交正放网格、交叉斜杆正交正放网格、联方网格及三向网格等形式。两端边支承的单层圆柱面网壳，其跨度不宜大于 35m，沿两纵向边支承的单层圆柱面网壳，其跨度不宜大于 30m。

（2）单层球面网壳可采用肋环型、肋环斜杆型、三向网格、扇形三向网格、联方形三向网格、短程线型等形式。单层球面网壳的跨度（平面直径）不宜大于 80m。

（3）单层双曲抛物面网壳宜采用三向网格，其中两个方向杆件沿直纹布置，也可采用两向正交网格，杆件沿主曲率方向布置，局部区域可加设斜杆。单层双曲抛物面网壳的跨度不宜大于 60m。

（4）单层椭圆抛物面网壳可采用三向网格、单向斜杆正交正放网格、椭圆底面网格等形式。单层椭圆抛物面网壳的跨度不宜大于 50m。

（5）双层网壳可由两向、三向交叉的桁架体系或由四角锥体系、三角锥体系等组成，其上、下弦网格可采用《铝合金空间网格结构技术规程》T/CECS 634—2019 第 3.2.4 条的方式布置。

7.2　荷载效应与组合

7.2.1　永久荷载

作用在网架结构上的永久荷载主要包括以下几种：

（1）网架杆件和节点的自重。网架杆件大多采用铝合金，它的自重一般可通过计算机自动计算。网架节点的自重一般占网架杆件自重的 20%～25%。如果网架节点的形式已定，可根据具体的节点规格计算其节点自重。

（2）楼面或屋面覆盖材料自重。根据实际使用材料查阅《建筑结构荷载规范》GB 50009—2012 取用。

（3）吊顶材料自重。

（4）设备管道、马道等自重。

7.2.2　可变荷载

作用在网格结构上的可变荷载包括屋面活荷载、雪荷载（雪荷载与屋面活荷载不同时考虑，取两者的较大值）、积灰荷载以及吊车荷载（工业建筑有吊车时考虑）。

上述可变荷载可参考《建筑结构荷载规范》GB 50009—2012 的有关规定采用。

另外，铝合金空间网格结构设计时应考虑风荷载的静力和动力效应。对铝合金空间网格结构进行风静力效应分析时，风荷载体型系数应按《建筑结构荷载规范》GB 50009—2012 的规定取值。对于体型复杂且无相关资料参考的铝合金空间网格结构，其风载体型系数宜通过风洞试验或专门研究确定。对于基本自振周期大于 0.25s 的铝合金空间网格结构，宜通过风振响应分析确定风动力效应。

7.2.3 温度作用

温度作用是指由于温度变化，使结构杆件产生附加温度应力，必须在计算和构造措施中加以考虑。对于超静定结构，在均匀温度场变化下，由于杆件不能自由热胀冷缩，杆件会产生应力，这种应力称为结构的温度应力。温度场变化范围是指施工安装完毕时气温与当地常年最高或最低气温之差。为减少温度作用，施工阶段应选择合理的合拢时间或支座固定的时间。另外，工厂车间生产过程中引起温度场变化，这可由工艺提出。

目前，温度应力的计算可采用空间杆系有限元法的精确计算方法，对于网架结构也可把网架简化为平板或夹层构造进行近似分析。

7.2.4 地震作用

对用作屋盖的铝合金网架结构，其抗震验算应符合下列规定：

（1）在抗震设防烈度为 8 度的地区，对于周边支承的中小跨度网架结构应进行竖向抗震验算，对于其他网架结构均应进行竖向和水平抗震验算；

（2）在抗震设防烈度为 9 度的地区，对各种网架结构均应进行竖向和水平抗震验算。

（3）在抗震分析时，应采用主体结构与网架结构协同工作分析与网架单独工作分析两种方法，合理确定地震作用。

对于铝合金网壳结构，其抗震验算应符合下列规定：

（1）在抗震设防烈度为 7 度的地区，当网壳结构的矢跨比大于或等于 1/5 时，应进行水平抗震验算；当矢跨比小于 1/5 时，应进行竖向和水平抗震验算；

（2）在抗震设防烈度为 8 度或 9 度的地区，对各种网壳结构均应进行竖向和水平抗震验算。

对铝合金空间网格结构进行多遇地震作用下的效应计算时，可采用振型分解反应谱法；对于体型复杂或重要的大跨度结构，应采用时程分析法进行补充计算。

采用时程分析法时，当取三组加速度时程曲线输入时，计算结果宜取时程分析结果的包络值和振型分解反应谱法的较大值；当取七组和七组以上的时程曲线时，计算结果可取时程分析结果的平均值和振型分解反应谱法的较大值。加速度曲线峰值应根据与抗震设防烈度相应的多遇地震的加速度时程曲线最大值进行调整，并应选择足够长的地震动持续时间。

振型个数一般可以取累积振型参与质量达到总质量的90%所需的振型数。

在抗震分析时，应考虑支承体系对空间网格结构受力的影响。此时宜将空间网格结构与支承体系共同考虑，按整体分析模型进行计算；亦可把支承体系简化为空间网格结构的弹性支座，按弹性支承模型进行计算。

在进行结构地震效应分析时，铝合金空间网格结构阻尼比值可取0.02。

对于体型复杂或较大跨度的铝合金空间网格结构，宜进行多维地震作用下的效应分析。进行多维地震效应计算时，可采用多维随机振动分析方法、多维反应谱法或时程分析法。

7.2.5 荷载组合

采用以概率理论为基础的极限状态设计方法，用分项系数设计表达式进行计算。

在铝合金空间网格结构设计文件中，应注明建筑结构的安全等级、设计使用年限、铝合金材料牌号及供货状态、连接材料的型号及其他附加保证项目。一般工业与民用建筑铝合金结构的安全等级应取为二级，其他特殊建筑铝合金空间网格结构的安全等级应根据具体情况另行确定。建筑物中各类结构构件的安全等级，宜与整个结构的安全等级相同。对其中部分结构构件的安全等级可进行调整，但不得低于三级。

铝合金空间网格结构应按承载能力极限状态和正常使用极限状态进行设计：

（1）承载能力极限状态：包括构件和连接的强度破坏和因过度变形而不适于继续承载，结构和构件丧失稳定，结构转变为机动体系或结构倾覆；

（2）正常使用极限状态：包括影响结构、构件和非结构构件正常使用或外观的变形，影响正常使用的振动，影响正常使用或耐久性能的局部损坏。

按承载能力极限状态设计铝合金空间网格结构时，应考虑荷载效应的基本组合，必要时尚应考虑荷载效应的偶然组合。按正常使用极限状态设计铝合金空间网格结构时，应根据不同的设计要求，采用荷载的标准组合、频遇组合或准永久组合。建筑结构荷载应按《建筑结构荷载规范》GB 50009—2012取值。

铝合金空间网格结构荷载的标准值、荷载分项系数、荷载组合值系数等应按《建筑结构荷载规范》GB 50009—2012的规定采用。结构的重要性系数γ_0应按《建筑结构可靠性设计统一标准》GB 50068—2018的规定采用，其中对设计年限为25

年的结构构件，γ_0 不应小于 0.95。

7.3 内力与位移分析

7.3.1 一般计算原则

铝合金空间网格结构的计算模型应根据结构形式、支座节点构造以及支承结构的刚度等情况，确定合理的边界约束条件和计算模型。

铝合金空间网格结构应进行重力荷载、地震、温度变化及风荷载作用下的位移、内力计算，并应根据具体情况，对支座沉降、施工安装及检修荷载等作用下的位移、内力进行计算。在位移验算中，应按作用标准组合的效应计算其挠度。铝合金空间网格结构的整体稳定性计算应考虑结构非线性的影响。

铝合金空间网格结构的外荷载可按静力等效原则将网格区域内的荷载集中作用在该网格周围节点上。当杆件上作用有局部荷载时，应另行考虑局部弯曲内力的影响。

铝合金空间网格结构宜按要求进行防连续倒塌的概念设计，重要结构宜按要求进行防连续倒塌计算。

7.3.2 静力计算

按有限元法进行铝合金空间网格结构静力计算时可采用以下公式：

$$KU = F \tag{7-1}$$

式中　K——铝合金空间网格结构总弹性刚度矩阵；

　　　U——铝合金空间网格结构节点位移向量；

　　　F——铝合金空间网格结构节点荷载向量。

铝合金空间网格结构设计完成后，杆件不宜替换，如必须替换时，应根据杆件截面面积及刚度等效的原则进行，否则应重新进行结构计算及受影响构件的承载力验算。

当温度变形较大时，平板型支座节点宜采取允许铝合金空间网格结构沿水平方向移动的构造。

7.3.3 稳定计算

对于平面网架结构，可不进行整体稳定性分析；对单层网壳结构或厚跨比小于 1/50 的双层网壳结构，应进行整体稳定性分析。

在进行网壳结构稳定性分析时，可假定材料为弹性，考虑几何非线性，采用有限元法进行分析。

进行网壳结构的整体稳定性分析时，应考虑初始几何缺陷。几何缺陷的模式可根据一致模态法确定，缺陷最大幅值可取最小跨度的 1/300。

同时考虑几何非线性和材料非线性时，铝合金单层网壳结构的整体稳定系数应大于 2.4。

进行铝合金单层网壳结构的整体稳定分析时，宜考虑连接节点刚度的影响，单层网壳结构的每根杆件宜划分为多个非线性空间梁单元。

7.3.4 挠度允许值

铝合金空间网格结构在恒荷载与活荷载标准值作用下的最大挠度值不宜超过表 7-1 中的容许挠度值。

铝合金空间网格结构的容许挠度值   表 7-1

结构体系	屋盖结构（短向跨度）	悬挑结构（悬挑跨度）
网架	1/250	1/125
单层网壳	1/400	1/125
双层网壳立体桁架	1/250	1/125

注：对于设有悬挂起重设备的屋盖结构，其最大挠度值不宜大于结构跨度的 1/400。
网架与立体桁架可预先起拱，其起拱值可取不大于短向跨度的 1/300。

7.4 杆件设计

杆件应按第 4 章～第 6 章内容进行强度和稳定设计。

网架和网壳杆件计算长度应按表 7-2 的规定取值。

网架和网壳杆件计算长度   表 7-2

结构体系	杆件形式	节点形式		
		螺栓球	板式	毂式
网架	弦杆及支座腹杆	1.0l	1.0l	1.0l
	腹杆			
双层网壳	弦杆及支座腹杆			
	腹杆			
单层网壳	壳体曲面内	—	1.0l	1.0l
	壳体曲面外		1.6l	1.6l
立体桁架	弦杆及支座腹杆	1.0l	—	—
	腹杆			

注：l 为杆件几何长度（节点中心间距离）。

杆件的长细比在满足表 4-8、表 4-9、表 6-1、表 6-2 的基础上，根据《铝合金空间网格结构技术规程》T/CECS 634—2019 中相关规定，不宜超过表 7-3 中规定的数值。

杆件的容许长细比 [λ]　　　　　　表 7-3

结构体系	杆件形式	杆件受拉	杆件受压	杆件受压与压弯	杆件受拉与拉弯
网架 立体桁架 双层网壳	一般杆件	300	150	—	—
	支座附近杆件	250			
单层网壳	一般杆件	—	—	150	250

注：1. 桁架（包括空间桁架）的受压腹杆，当其内力等于或小于承载能力的 50％时，容许长细比值可取 200。

　　2. 跨度等于或大于 60m 的桁架，其受压弦杆和端压杆的容许长细比宜取 100，当承受静力荷载或间接动力荷载时，其他受压腹杆的容许长细比可取 150，其受拉弦杆和腹杆的长细比不宜超过 300。

　　3. 受拉构件在永久荷载与风荷载组合下受压时，其长细比不宜超过 250。

铝合金空间网格结构杆件分布应保证结构整体刚度的连续性，受力方向相同的相邻弦杆的截面面积之比不宜超过 1.8，多点支承的网架结构其反弯点处的上、下弦杆宜按照构造要求加大截面。

对于低应力、小规格的受拉杆件其长细比宜按受压杆件控制。在杆件与节点构造设计时，应考虑便于检查与清刷，避免易于积留湿气与灰尘的死角与凹槽。

7.5　节点设计

本节就目前空间网格结构中最常用的板式节点、螺栓球节点及毂式节点设计方法进行介绍。

7.5.1　板式节点

1. 节点形式

板式节点（图 7-1）应由工字形或箱形杆件和上下两块节点板通过紧固件（如螺栓、环槽铆钉等）紧密连接而成。板式节点设计时宜采用有限元分析验证连接节点的安全性及有效性。条件允许时，宜进行试验验证。

板式节点构成的体系宜采用铝合金主结构与围护系统一体化构造。板式节点一体化围护材料可采用铝板、玻璃等（图 7-2）。

2. 构造要求

（1）铝合金节点板最小的厚度不应小于 8mm，且不应小于杆件翼缘厚度。

（2）节点板最小的端部搭接长度应符合表 7-4 的规定。

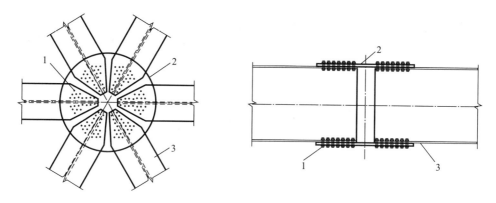

图 7-1　板式节点

1—紧固件；2—节点板；3—铝合金型材

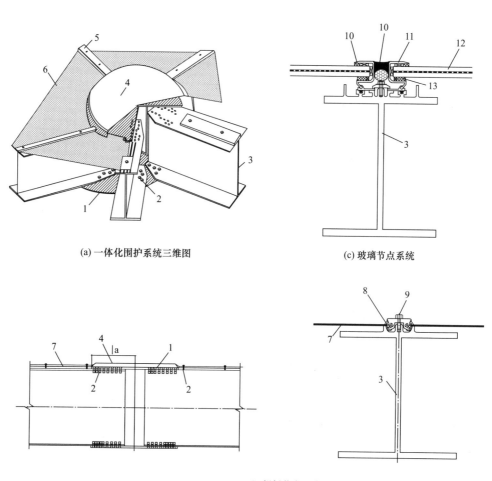

(a) 一体化围护系统三维图

(c) 玻璃节点系统

(b) 铝板节点系统

图 7-2　板式节点—体化围护系统节点

1—节点板；2—紧固件；3—铝合金型材；4—节点盖板；5—铝合金压板；6—屋面铝板/玻璃；7—屋面板；

8—橡胶条；9—螺栓；10—硅酮密封胶；11—铝合金副框；12—玻璃；13—硅酮结构胶

厚度 t	屋面板坡度 i	
	$i < \dfrac{1}{4}$	$i \geqslant \dfrac{1}{4}$
$t \leqslant 25\text{mm}$	—	140
$t > 25\text{mm}$	230	140

（3）节点板螺栓孔最小间距 x 应满足下列规定：

$$x \geqslant \frac{5.8n-1}{n+2}d_0 \qquad (7\text{-}2)$$

式中　x——螺栓孔中心间距；

d_0——螺栓或铆钉的孔径；

n——杆件与节点板单连接区域上的螺栓孔个数。

不满足时应进行节点板块状拉剪破坏承载力验算。

（4）节点板中心域半径与厚度的比值应满足下列规定：

$$\frac{R_0}{t} \leqslant 17\sqrt{\frac{240}{f_{0.2}}} \qquad (7\text{-}3)$$

式中　R_0——节点板中心域半径，即节点板中点到最内排连接螺栓孔中心距离；

t——节点板厚度；

$f_{0.2}$——铝合金材料的名义屈服强度。

不满足时应进行受压节点板中心区域屈曲承载力验算。

3. 拉剪强度计算

节点板与紧固件的承载力应通过计算或试验确定，试验时应防止节点板撕裂、翘曲。节点承受弯曲作用时受力如图 7-3 所示。

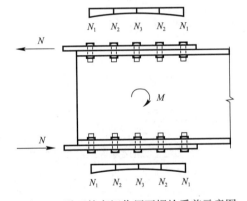

图 7-3　平面外弯矩作用下螺栓受剪示意图

$$M_u = P_u(h+t) \qquad (7\text{-}4)$$

$$P_u = k_1(f_v A_s + f_u A_t) \qquad (7\text{-}5)$$

式中　k_1——在杆件撬力作用下节点板局部受弯引起的承载力折减系数，由试验确定；

P_u——节点板块状拉剪承载力；

f_v——材料抗剪强度；

f_u——材料抗拉强度；

A_s——抗剪截面面积，$A_s = l_s t$；

A_t——抗拉截面面积，$A_t = l_t t$，其中 l_s 和 l_t 的取值与破坏路径有关。

节点板在受拉时的块状拉剪破坏可按照单连接区块状拉剪破坏，双连接区块状拉剪破坏，三连接区块状拉剪破坏（图 7-4、图 7-5）三种破坏模式分析。

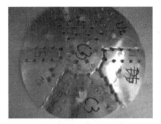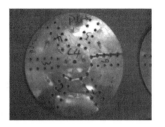

图 7-4 破坏模式

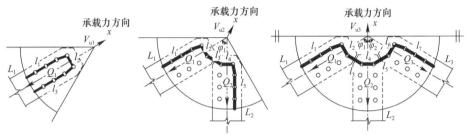

图 7-5 节点板块状拉剪破坏形式

将式（7-5）稍作整理，并引入参数 γ，得：

$$P_u = k_1 t(f_v l_s + f_u l_t) = k_1 tf(\gamma_v l_s + \gamma_u l_t) = k_1 tf\sum \gamma_i l_i \qquad (7\text{-}6)$$

式中 γ_i 为第 i 条破坏边的材料等效破坏强度系数，是破坏边上的正应力和剪应力在满足 Von-Mises 屈服条件的情况下其合力在破坏承载力方向的投影最大值与材料的极限抗拉强度的比值。

根据相关试验研究成果，在杆件撬力作用下节点板局部受弯引起的承载力折减系数 k_1 可取 0.5，则最终得到设计公式：

（1）单连接区块状拉剪破坏：

$$V_1 = 0.5tf\sum_{i=1}^{3}\gamma_i l_i \geqslant Q_i, \quad \gamma_1 = \gamma_3 = 0.58, \quad \gamma_2 = 1 \qquad (7\text{-}7)$$

（2）双连接区块状拉剪破坏：

$$V_2 = 0.5tf\sum_{i=1}^{5}\gamma_i l_i \geqslant (Q_1 + Q_2)\cos\frac{\varphi_1}{2} \qquad (7\text{-}8)$$

（3）三连接区块状拉剪破坏：

$$V_3 = 0.5tf\sum_{i=1}^{5}\gamma_i l_i \geqslant Q_1\cos\varphi_1 + Q_2 + Q_3\cos\varphi_2 \qquad (7\text{-}9)$$

式中　V_1——单连接区块状拉剪破坏承载力设计值；

　　　　V_2——双连接区块状拉剪破坏承载力设计值；

　　　　V_3——三连接区块状拉剪破坏承载力设计值；

　　　　f——铝合金屈服强度设计值；

　　　　γ_i——第 i 条破坏边的材料等效破坏强度系数，取值应符合表 7-5 规定；

　　　　l_i——第 i 条破坏边的净长度；

Q_i——第 i 根杆件与节点板连接区所受螺栓群剪力；

φ_i——杆件间夹角。

等效破坏强度系数 γ_i　　　　　　　　　表 7-5

连接区	γ_i	35°	40°	45°	50°	55°	60°	65°	70°	75°	80°	85°	90°
双连接区	γ_1	0.627	0.641	0.656	0.673	0.690	0.707	0.725	0.743	0.762	0.780	0.799	0.816
	γ_2	0.969	0.960	0.950	0.939	0.926	0.913	0.899	0.884	0.868	0.851	0.834	0.816
	γ_3	1.000	1.000	1.000	1.000	1.000	1.000	1.000	1.000	1.000	1.000	1.000	1.000
	γ_4	0.969	0.960	0.950	0.939	0.926	0.913	0.899	0.884	0.868	0.851	0.834	0.816
	γ_5	0.627	0.641	0.656	0.673	0.690	0.707	0.725	0.743	0.762	0.780	0.799	0.816
三连接区	γ_1	0.741	0.780	0.816	0.851	0.884	0.913	0.938	0.960	0.977	0.990	0.997	1.000
	γ_2	0.882	0.851	0.816	0.780	0.743	0.707	0.673	0.641	0.615	0.595	0.582	0.577
	γ_3	0.969	0.960	0.950	0.939	0.926	0.913	0.899	0.884	0.868	0.851	0.834	0.816
	γ_4	1.000	1.000	1.000	1.000	1.000	1.000	1.000	1.000	1.000	1.000	1.000	1.000
	γ_5	0.969	0.960	0.950	0.939	0.926	0.913	0.899	0.884	0.868	0.851	0.834	0.816
	γ_6	0.882	0.851	0.816	0.780	0.743	0.707	0.673	0.641	0.615	0.595	0.582	0.577
	γ_7	0.741	0.780	0.816	0.851	0.884	0.913	0.938	0.960	0.977	0.990	0.997	1.000

4. 中心局部屈曲计算

受压节点的中心局部屈曲承载力设计值应按式（7-10）计算：

$$V_{cr} = \frac{1.2Et^3}{R_0(1-\nu^2)} \tag{7-10}$$

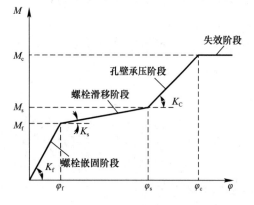

图 7-6　铝合金板式节点弯曲刚度四折线模型

式中　V_{cr}——中心局部屈曲承载力设计值；

　　　E——弹性模量；

　　　ν——泊松比。

5. 节点刚度

弯矩作用下铝合金板式节点的变形分为四个阶段：螺栓嵌固阶段，螺栓滑移阶段，孔壁承压阶段和失效阶段，如图 7-6 所示。

各阶段节点弯曲刚度按式（7-11）计算，各阶段节点受弯承载力应根据有限元或试验研究得到。

$$\varphi = \begin{cases} \dfrac{M}{K_f} & (0 < M \leqslant M_f) \\[2ex] \dfrac{M_f}{K_f} + \dfrac{M-M_f}{K_s} \ \text{或} \ \dfrac{M_f}{K_f} + \dfrac{4d_h}{h} & (M_f < M \leqslant M_s) \\[2ex] \dfrac{M_f}{K_f} + \dfrac{M_s-M_f}{K_s} + \dfrac{M-M_s}{K_c} & (M_s < M \leqslant M_c) \\[2ex] \infty & (M_c < M) \end{cases} \tag{7-11}$$

式中　K_{f}——嵌固刚度；

　　　M_{f}——滑移弯矩；

　　　K_{s}——滑移刚度；

　　　M_{s}——承压弯矩；

　　　K_{c}——承压刚度；

　　　M_{c}——受弯承载力设计值；

　　　h——杆件截面高度；

　　　d_{h}——螺栓与螺栓孔的间隙。

【例题 7-1】　一尺寸约 $55\mathrm{m}\times45\mathrm{m}\times17\mathrm{m}$ 的椭球形铝合金板式网壳，截面尺寸 H300×180×7×10，典型节点采用上下两块铝合金盖板连接，直径 460mm，厚 12mm。构件及节点板材料均为 6061-T6。构件上下翼缘采用 12ϕ10 304HC 不锈钢环槽铆钉与盖板连接，螺栓孔直径 10.5mm，螺栓间距如图 7-7 所示。经结构整体分析可知，在最不利荷载组合下，与轴力最大的构件相连的所有构件端部内力组合设计值如表 7-6 所示。验算该板式节点连接的强度、节点板中心区局部屈曲承载力。

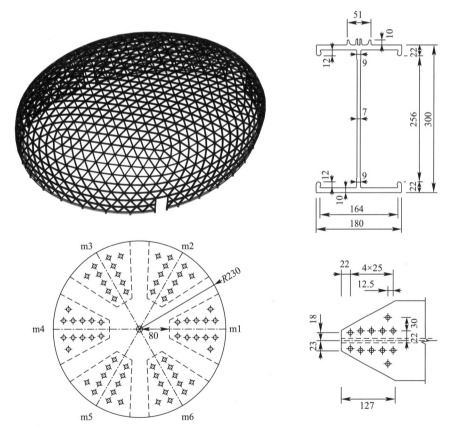

图 7-7　铝合金网壳及板式节点尺寸示意图（单位：mm）

杆件编号	N (kN)	V_y (kN)	V_x (kN)	T (kN·m)	M_y (kN·m)	M_x (kN·m)
m1	150	−5	4	0.01	0.02	−1.5
m2	180	−2	−5	0	0.04	0.5
m3	170	5	6	0	−0.05	0.5
m4	150	−5	−4	0.01	−0.02	−0.5
m5	180	−2	5	0	−0.04	−0.5
m6	200	5	−6	0	0.05	1.5

构件端部最不利内力组合设计值 　　表 7-6

【解】

构件及节点板材料为 6061-T6 铝合金，其材料设计指标如下：

名义屈服强度：$f_{0.2}=240$MPa

名义屈服强度设计值：$f=200$MPa

孔壁承压强度设计值：$f_c^b=317$MPa

弹性模量：$E=70000$MPa

304HC 不锈钢环槽铆钉材料设计指标：

受剪承载力设计值：$f_v^b=317$MPa

（1）环槽铆钉抗剪强度验算

所有构件中，m6 构件端部轴力与绕强轴弯矩最大，为最不利情况，针对该构件验算环槽铆钉抗剪强度。

单侧翼缘最大轴向力设计值：$N_{ft}=\dfrac{|N|}{2}+\dfrac{|M_x|}{h}=\dfrac{200}{2}+\dfrac{1.5}{0.3}=105$kN

单个环槽铆钉最大剪力设计值：$N_v=\dfrac{N_{ft}}{12}=\dfrac{105}{12}=8.75$kN

环槽铆钉剪切面数 $n_v=1$，受剪承载力设计值：

$$N_v^b=n_v\frac{\pi d^2}{4}f_v^b=1\times\frac{\pi\times10^2}{4}\times317\div10^3=24.897\text{kN}$$

由于 $N_v^b>N_v$，环槽铆钉抗剪强度满足要求。

（2）螺栓孔壁承压强度验算

螺栓孔壁受压承载力设计值：$N_c^b=d\sum tf_c^b=10\times10\times305\div10^3=30.5$kN

由于 $N_c^b>N_v$，构件孔壁承压强度满足要求。

（3）构件净截面强度验算

构件净截面破坏的不利路径共六种（图 7-8），分别对其破坏线净截面强度进行验算。

情况（a）中破坏线净截面面积 $A_{n,a}=443.75$mm²，破坏面承受 2 个螺栓中的剪力，破坏面应力设计值为：$\sigma_{n,a}=\dfrac{N_{n,a}}{A_{n,a}}=\dfrac{2\times8.75\times1000}{443.75}=39.437\text{MPa}$

情况（b）中破坏线净截面面积 $A_{n,b}=686.30\text{mm}^2$，破坏面承受 4 个螺栓中的剪力，破坏面应力设计值为：$\sigma_{n,b}=\dfrac{N_{n,b}}{A_{n,b}}=\dfrac{4\times8.75\times1000}{686.30}=50.998\text{MPa}$

情况（c）中破坏线净截面面积 $A_{n,c}=919.60\text{mm}^2$，破坏面承受 6 个螺栓中的剪力，破坏面应力设计值为：$\sigma_{n,c}=\dfrac{N_{n,c}}{A_{n,c}}=\dfrac{6\times8.75\times1000}{919.60}=57.090\text{MPa}$

情况（d）中破坏线净截面面积 $A_{n,d}=1152.91\text{mm}^2$，破坏面承受 8 个螺栓中的剪力，破坏面应力设计值为：$\sigma_{n,d}=\dfrac{N_{n,d}}{A_{n,d}}=\dfrac{8\times8.75\times1000}{1152.91}=60.716\text{MPa}$

情况（e）中破坏线净截面面积 $A_{n,e}=1178.88\text{mm}^2$，破坏面承受 12 个螺栓中的剪力，破坏面应力设计值为：$\sigma_{n,e}=\dfrac{N_{n,e}}{A_{n,e}}=\dfrac{12\times8.75\times1000}{1178.88}=89.068\text{MPa}$

情况（f）中破坏线净截面面积 $A_{n,f}=2356.46\text{mm}^2$，破坏面承受 12 个螺栓中的剪力，破坏面应力设计值为：$\sigma_{n,f}=\dfrac{N_{n,f}}{A_{n,f}}=\dfrac{12\times8.75\times1000}{2356.46}=44.558\text{MPa}$

可见情况（e）中破坏面应力设计值最大，为最不利破坏路径，由于 $\sigma_{n,e}<f$，构件净截面强度满足要求。

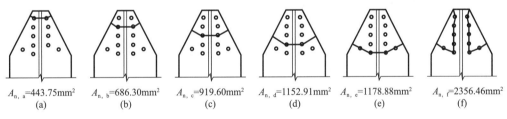

$A_{n,a}=443.75\text{mm}^2$ (a)　　$A_{n,b}=686.30\text{mm}^2$ (b)　　$A_{n,c}=919.60\text{mm}^2$ (c)　　$A_{n,d}=1152.91\text{mm}^2$ (d)　　$A_{n,e}=1178.88\text{mm}^2$ (e)　　$A_{n,f}=2356.46\text{mm}^2$ (f)

图 7-8　构件净截面破坏的不利路径

（4）节点板块状拉剪强度验算

构件 m6 与节点连接区域可能发生节点板单连接区块状拉剪破坏，破坏线见图 7-9。

破坏边 l_1、l_2、l_3 长度：80.057mm、25.5mm、80.057mm

破坏边 l_1、l_2、l_3 与合力 Q_1 的夹角：0°、90°、0°

破坏边材料等效破坏强度系数：

$$\gamma_1=\gamma_3=1/\sqrt{1+2\times\cos^2(0°)}=0.577$$

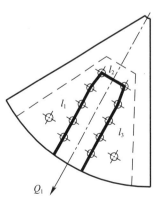

图 7-9　单连接区块状拉剪示意

$$\gamma_2 = 1/\sqrt{1 + 2 \times \cos^2(90°)} = 1$$

单连接区块状拉剪承载力设计值：

$$\sum_{i=1}^{3} \gamma_i l_i = 2 \times 0.577 \times 80.057 + 1 \times 25.500 = 117.886\text{mm}$$

$$N_1 = 0.6tf \sum_{i=1}^{3} \gamma_i l_i = 0.6 \times 10 \times 200 \times 117.886 \div 10^3 = 142.916\text{kN}$$

合力：$Q_1 = \dfrac{200}{2} + \dfrac{1.5}{0.3} = 105\text{kN}$

由于 $N_1 > Q_1$，单连接区块状拉剪强度满足要求。

构件 m5、m6 与节点连接区域可能发生节点板双连接区块状拉剪破坏，破坏线见图 7-10。

破坏边 l_1、l_2、l_3、l_4、l_5 长度：80.057mm、25.5mm、61.687mm、25.5mm、80.057mm

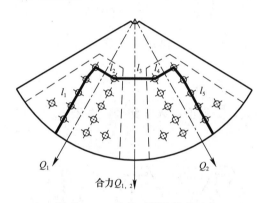

图 7-10　双连接区块状拉剪示意

破坏边 l_1、l_2、l_3、l_4、l_5 与合力 $Q_{1,2}$ 的夹角：32.8°、57.2°、87.2°、62.8°、27.2°

破坏边材料等效破坏强度系数：

$$\gamma_1 = 1/\sqrt{1 + 2 \times \cos^2(32.8°)} = 0.644$$

$$\gamma_2 = 1/\sqrt{1 + 2 \times \cos^2(57.2°)} = 0.793$$

$$\gamma_3 = 1/\sqrt{1 + 2 \times \cos^2(87.2°)} = 0.998$$

$$\gamma_4 = 1/\sqrt{1 + 2 \times \cos^2(62.8°)} = 0.840$$

$$\gamma_5 = 1/\sqrt{1 + 2 \times \cos^2(27.2°)} = 0.662$$

双连接区块状拉剪承载力设计值：

$$\sum_{i=1}^{5} \gamma_i l_i = 204.554\text{mm}$$

$$N_{1,2} = 0.6tf \sum_{i=1}^{5} \gamma_i l_i = 0.6 \times 10 \times 200 \times 204.554 \div 1000 = 245.465\text{kN}$$

构件单侧翼缘轴力：

$$Q_1 = \frac{|N|}{2} + \frac{|M_x|}{h} = \frac{180}{2} - \frac{0.5}{0.3} = 83.333\text{kN}, \quad Q_2 = \frac{|N|}{2} + \frac{|M_x|}{h} = \frac{200}{2} + \frac{1.5}{0.3} = 105\text{kN}$$

合力：$Q_{1,2} = 167.639\text{kN}$

由于 $N_{1,2} > Q_{1,2}$，双连接区块状拉剪强度满足要求。

构件 m5、m6、m1 与节点连接区域可能发生节点板三连接区块状拉剪破坏，破坏线见图 7-11。

破坏边 l_1、l_2、l_3、l_4、l_5、l_6、l_7 长度：80.057mm、25.5mm、61.687mm、25.5mm、61.687mm、25.5mm、80.057mm

破坏边 l_1、l_2、l_3、l_4、l_5、l_6、l_7 与合力 $Q_{1,2,3}$ 的夹角：55.1°、34.9°、64.9°、85.1°、55.1°、25.1°、64.9°

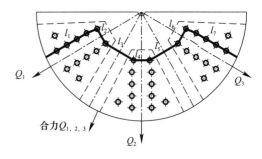

图 7-11　三连接区块状拉剪示意

破坏边材料等效破坏强度系数：

$$\gamma_1 = 1/\sqrt{1+2\times\cos^2(55.1°)} = 0.777$$

$$\gamma_2 = 1/\sqrt{1+2\times\cos^2(34.9°)} = 0.653$$

$$\gamma_3 = 1/\sqrt{1+2\times\cos^2(64.9°)} = 0.858$$

$$\gamma_4 = 1/\sqrt{1+2\times\cos^2(85.1°)} = 0.993$$

$$\gamma_5 = 1/\sqrt{1+2\times\cos^2(55.1°)} = 0.777$$

$$\gamma_6 = 1/\sqrt{1+2\times\cos^2(25.1°)} = 0.615$$

$$\gamma_7 = 1/\sqrt{1+2\times\cos^2(64.9°)} = 0.858$$

三连接区块状拉剪承载力设计值：

$$\sum_{i=1}^{7} \gamma_i l_i = 289.403\text{mm}$$

$$N_{1,2,3} = 0.6tf\sum_{i=1}^{5}\gamma_i l_i = 0.6\times10\times200\times289.403\div1000 = 347.284\text{kN}$$

构件单侧翼缘轴力：

$$Q_1 = \frac{|N|}{2} + \frac{|M_x|}{h} = \frac{180}{2} - \frac{0.5}{0.3} = 88.333\text{kN}$$

$$Q_2 = \frac{|N|}{2} + \frac{|M_x|}{h} = \frac{200}{2} + \frac{1.5}{0.3} = 105\text{kN}$$

$$Q_3 = \frac{|N|}{2} + \frac{|M_x|}{h} = \frac{150}{2} - \frac{1.5}{0.3} = 70\text{kN}$$

合力：$Q_{1,2,3} = 184.850\text{kN}$

由于 $N_{1,2,3} > Q_{1,2,3}$，三连接区块状拉剪强度满足要求。

（5）节点中心区局部屈曲承载力验算

节点板中心区半径：$R_0 = 80+22 = 102\text{mm}$

节点板中心区半径与厚度比值：$\dfrac{R_0}{t} = \dfrac{102}{10} = 10.2$

由于 $\dfrac{R_0}{t}$ 小于 $17\sqrt{\dfrac{240}{f_{0.2}}} = 17$，可不进行中心区局部屈曲承载力验算。

7.5.2 螺栓球节点

1. 节点形式

螺栓球节点（图7-12）由铝合金球、不锈钢或镀锌高强度螺栓、套筒、封板以及紧固螺钉组成。杆件及封板之间采用冷加工、压力成型的方式连接。可用于连接网架和双层网壳等空间网格结构的铝合金圆管杆件。改进型螺栓球节点（图7-13）的滑槽位置由不锈钢螺栓或镀锌高强度螺栓上改为在套筒上。

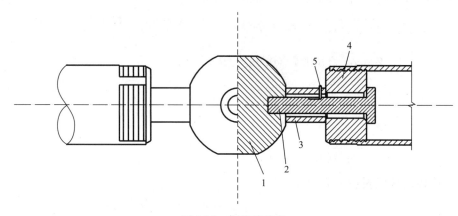

图7-12　螺栓球节点

1—铝合金球；2—不锈钢螺栓或镀锌高强度螺栓；3—套筒；4—封板；5—紧固螺钉

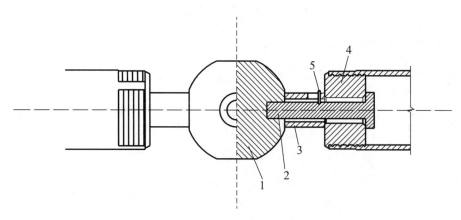

图7-13　改进型螺栓球节点

1—铝合金球；2—不锈钢螺栓或镀锌高强度螺栓；3—套筒；4—封板；5—紧固螺钉

2. 铝合金球尺寸

铝合金球直径应保证相邻螺栓在球体内不相碰，并应满足套筒接触面的要求，可分别按式（7-12）、式（7-13）核算，并按计算结果中的较大者选用。当相邻杆件

夹角 θ 较小时，尚应根据相邻杆件及相关封板、锥头、套筒等零部件不相碰的要求核算螺栓球直径。此时可通过检查可能相碰点至球心的连线与相邻杆件轴线间的夹角不大于 θ 的条件进行核算。

如图7-14所示，通过 $OE^2 = OC^2 + CE^2$；$OE = D/2$；$OC = (\lambda d_1^b/2) \cot\theta + (\lambda d_s^b/2)/\sin\theta$；$CE = \lambda d_1^b/2$，即可导出 D 的最小值：

$$D \geqslant \sqrt{\left(\frac{d_s^b}{\sin\theta} + d_1^b \cot\theta + 2\zeta d_1^b\right)^2 + (\lambda d_1^b)^2} \tag{7-12}$$

$$D \geqslant \sqrt{\left(\frac{\lambda d_s^b}{\sin\theta} + \lambda d_1^b \cot\theta\right)^2 + (\lambda d_1^b)^2} \tag{7-13}$$

式中　D——铝合金球直径（mm）；

　　　θ——两相邻螺栓之间的最小夹角（rad）；

　　　d_1^b——两相邻螺栓的较大直径（mm）；

　　　d_s^b——两相邻螺栓的较小直径（mm）；

　　　ζ——螺栓拧入球体长度与螺栓直径的比值，应取为1.5；

　　　λ——套筒外接圆直径与螺栓直径的比值，可取为1.8。

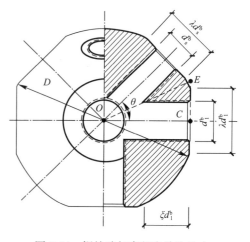

图7-14　螺栓球与直径有关的尺寸

3. 螺栓选择

不锈钢螺栓的形式与尺寸应符合《紧固件机械性能 不锈钢紧定螺钉》GB/T 3098.16—2014的要求。螺栓的直径应由杆件内力确定。螺栓的受拉承载力设计值 N_b^t 应按公式（7-14）计算：

$$N_b^t = A_{eff} f_b^t \tag{7-14}$$

式中　f_b^t——螺栓抗拉强度设计值，对于A2-50和A4-50等级的不锈钢螺栓，取 190N/mm²；对于A2-70和A4-70等级的不锈钢螺栓，取295N/mm²；对于A2-80和A4-80等级的不锈钢螺栓，取335N/mm²；

　　　A_{eff}——螺栓的有效截面面积。当螺栓上钻有键槽或钻孔时，A_{eff} 值取螺纹处或键槽、钻孔处二者中的较小值。

高强度螺栓的性能等级应按10.9级选用，形式与尺寸应符合《钢网架螺栓球节点用高强度螺栓》GB/T 16939—2016的要求。选用高强度螺栓的直径应由杆件内力确定，高强度螺栓的受拉承载力设计值 N_t^b 应按表7-7取值。

性能等级	10.9 级									
螺纹规格 d	M12	M14	M16	M20	M22	M24	M27	M30	M33	M36
N_b^t (kN)	36.1	49.5	67.5	105.3	130.5	151.5	197.5	241.2	298.4	351.3

受压杆件的连接螺栓直径，可按其内力设计值绝对值求得螺栓直径计算值后，按表 7-7 的螺栓直径系列减少 1～2 个级差。

紧固螺钉应采用不锈钢材料，其直径可取螺栓直径的 0.16～0.18 倍，且不宜小于 3mm。紧固螺钉规格可采用 M5～M10。

4. 套筒

套筒的作用是拧紧高强度螺栓，承受钢管杆件传来的压力。

（1）套筒（即六角形无纹螺母）外形尺寸应符合扳手开口系列，端部要求平整，内孔径可比螺栓直径大 1mm。对于受压杆件的套筒应根据其传递的最大压力值验算其受压承载力和端部有效截面的局部承压力。

$$N \leqslant A_n f \tag{7-15}$$

式中　f——材料抗压强度设计值；

　　　N——杆件传来的轴心压力设计值；

　　　A_n——套筒在紧固螺钉孔处的净截面面积。

（2）对于开设滑槽的套筒应验算套筒端部到滑槽端部的距离，应使该处有效截面的抗剪力不低于紧固螺钉的抗剪力，且不小于 1.5 倍滑槽宽度。套筒长度 l_s(mm) 和螺栓长度 l(mm)（图 7-15）可按如下公式计算：

$$l_s = m + B + n \tag{7-16}$$

$$l = \zeta D + l_s + h \tag{7-17}$$

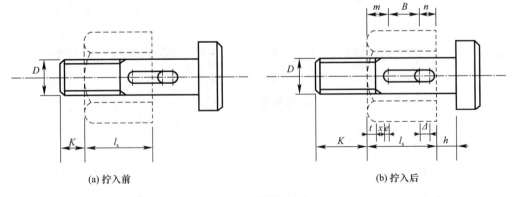

(a) 拧入前　　　　　　　　　(b) 拧入后

图 7-15　套筒长度及螺栓长度

t—螺纹根部到滑槽附加余量（mm），取 2 个丝扣长度；x—螺纹收尾长度（mm）；

e—紧固螺钉的半径（mm）；Δ—滑槽预留量（mm），一般取 4mm

$$B = \zeta D - K \qquad (7\text{-}18)$$

式中　B——滑槽长度（mm）；

　　　ζD——螺栓伸入铝球长度（mm）；

　　　m——滑槽端部紧固螺钉中心到套筒端部的距离（mm）；

　　　n——滑槽顶部紧固螺钉中心至套筒顶部的距离（mm）；

　　　K——螺栓露出套筒距离（mm），预留 4～5mm，但不应少于 2 个丝扣；

　　　h——锥头底板厚度或封板厚度（mm）。

5. 锥头及封板

杆件端部应采用锥头或封板连接，采用焊接连接时其连接焊缝的承载力应不低于连接管件的 60%，采用挤压方式连接（图 7-16）时其连接部位的承载力应不低于连接管件的 85%。锥头任何截面的承载力应不低于连接管件，封板厚度应按实际受力大小计算确定，封板及锥头底板厚度不应小于表 7-8 中数值。锥头底板外径宜大于套筒外接圆直径 1～2mm，锥头底板内平台直径宜大于螺栓头直径 2mm。锥头倾角应小于 40°。

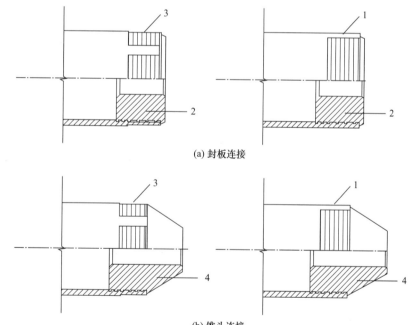

图 7-16　杆件端部挤压连接

1—未环压部位；2—封板；3—环压部位；4—锥头

封板及锥头底板厚度　　　　　　　　　　表 7-8

螺纹规格	封板/锥头底板厚度（mm）	螺纹规格	锥头底板厚度（mm）
M12、M14 M16	12 14	M20～M24 M27～M36	16 30

螺栓球节点中封板机械连接抗拉强度验算应符合下列规定：

（1）当封板厚度较小时，铝管环压部位（图 7-17）可能发生拉剪组合破坏，所对应的受拉承载力设计值可按下式计算：

$$N_t^b = f_t A_{Et} + f_v A_v \qquad (7\text{-}19)$$

（2）当封板厚度较大时，铝管环压部位与未环压部位可能发生受拉破坏，所对应的受拉承载力设计值可按下式计算：

$$N_t^b = f A_t \qquad (7\text{-}20)$$

式中　f——铝合金的抗拉强度设计值；

　　　f_v——铝合金的抗剪强度设计值；

　　　A_{Et}——铝管端部环压部位截面面积；

　　　A_v——铝管端部环压部位与未环压部位交界面处剪切面面积；

　　　A_t——铝管端部环压部位与未环压部位总截面面积之和，$A_t = A_{Et} + A_{nEt}$。

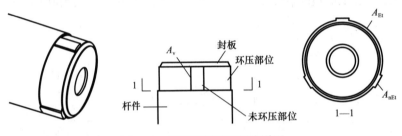

图 7-17　铝管端部环压部位详图

7.5.3　毂式节点

1. 节点形式与构造要求

毂式节点（图 7-18）由柱体、杆件嵌入件、盖板、螺杆等零件组成。铝合金节点可根据插槽的类型和位置区分为多种规格，主要有 6、8 和 12 个插槽的节点等类型。毂体嵌入槽以及与之配合的嵌入榫宜呈圆柱状。螺母和盖板之间可配套采用弹簧垫圈。与毂式节点相连的杆件端部压扁倾角不大于 55°。

2. 抗剪计算

铝管杆件端部通过冷加工成型，压扁后杆件端部区域材料的屈服强度提高，宜乘以强度系数 h_{srain}，当作为主要受力构件时，h_{srain} 可取 1.1；当作为围护支撑等次要受力构件时，h_{srain} 可取 1.2。杆件管材端部压扁后，杆件截面面积减小，应乘以折减系数 $R = 0.72$。

节点凹槽处齿的受剪承载力设计值应按式（7-21）计算：

$$T_{V,HubTeeth} = A_{shear} f_V \qquad (7\text{-}21)$$

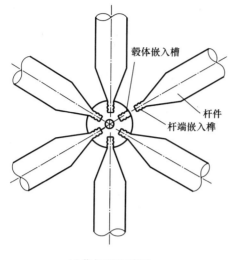

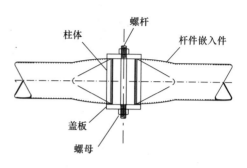

(a) 节点平面示意图　　　　　　　　(b) 节点剖面示意图

图 7-18　毂式节点示意图

$$A_{shear} = r_{as} A_g / \cos\alpha \qquad (7\text{-}22)$$

式中　A_{shear}——铝合金齿抗剪切面积；

　　　r_{as}——铝合金齿抗剪截面换算系数；

　　　α——杆件端部压扁倾角；

　　　f_V——材料抗剪设计强度；

　　　A_g——圆管面积。

3. 局部承压

杆件压扁处局部受压承载力设计值应按式（7-23）计算：

$$C_{crip} = A_g F_{crip} \qquad (7\text{-}23)$$

$$F_{crip} = K_{crip} f \qquad (7\text{-}24)$$

式中　K_{crip}——屈曲强度折减系数（通过试验获得）；

　　　f——杆件压扁部件抗压强度设计值。

当毂式节点应用于铝合金单层网壳结构中时，应经专家论证确保结构的安全性与可行性。

7.5.4　支座节点

1. 节点形式及设计原则

对于支座为单向受力的铰接节点的铝合金空间网格结构，可选用板式支座节点，如图 7-19 和图 7-20 所示。双层杆件间应使用不锈钢螺栓连接，加强板与 H 杆件应使用不锈钢螺栓连接，钢柱与连接盘连接应使用不锈钢螺栓，加强板、加劲肋与支座钢结构应焊接。

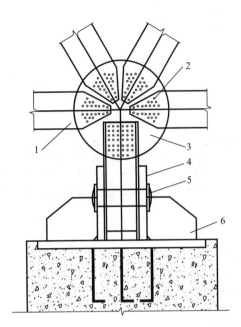
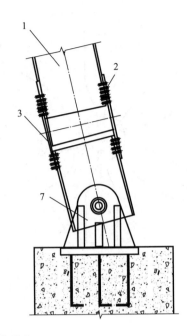

图 7-19 单层板式支座节点

1—铝合金型材；2—紧固件；3—节点盘；4—支座板；5—支座销轴；6—支座加肋板；7—支座

铝合金网壳支座节点宜采用钢螺栓球节点（图 7-21）。铝合金空间网格结构的支座节点必须具有足够的强度和刚度，在荷载作用下不应先于杆件和其他节点而破坏，也不得产生不可忽略的变形。支座节点构造形式应传力可靠、连接简单，并应符合计算假定。

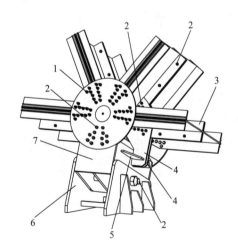

图 7-20 双层板式支座节点构造

1—抽芯铆钉；2—螺栓；3—杆件；4—加强板；
5—加强筋；6—支座；7—钢柱

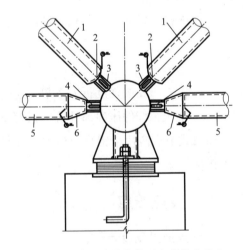

图 7-21 螺栓球节点体系支座节点构造

1—圆管腹杆；2—封板；3—销子；4—高强
度螺栓及套筒；5—圆管弦杆；6—锥头

铝合金空间网格结构的支座节点应根据其主要受力特点，可选用压力支座节点、拉力支座节点、可滑移与转动的弹性支座节点以及兼受轴力、弯矩和剪力的刚性支座节点，宜采用橡胶支座、球铰支座或弹簧支座释放相应水平方向的反力，减小对下部支承体系的反力。支座形式和要求应满足《空间网格结构技术规程》JGJ 7—2010 的规定。

支座节点的设计与构造应符合下列规定：

（1）支座竖向支承板中心线应与竖向反力作用线一致，并与支座节点连接的杆件汇交于节点中心；

（2）支座球节点底部至支座底板间的距离应满足支座斜腹杆与柱或边梁距离大于 15mm 的要求；

（3）支座竖向支承板应保证其自由边不发生侧向屈曲，其厚度不宜小于 10mm；对于拉力支座节点，支座竖向支承板的最小截面面积及连接焊缝应满足强度要求；

（4）支座节点底板的净面积应满足支承结构材料的局部受压要求，其厚度应满足底板在支座竖向反力作用下的抗弯要求，且不宜小于 12mm；

（5）支座节点底板的锚孔孔径应比锚栓直径大 10mm 以上，并应考虑适应支座节点水平位移的要求；

（6）支座节点锚栓按构造要求设置时，其直径可取 20～25mm，数量可取 2～4 个；受拉支座的锚栓应经计算确定，锚固长度不应小于 25 倍锚栓直径，并应设置双螺母；

（7）当支座底板与基础面摩擦力小于支座底部的水平反力时应设置抗剪键，不得利用锚栓传递剪力。

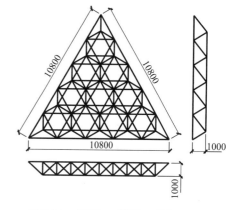

图 7-22 例题 7-2 附图（单位：mm）

【例题 7-2】 图 7-22 所示为一位于天津的四面开敞铝合金网架结构，杆件采用 $\phi56\times2$ 铝管，材料为 6061-T6 铝合金。杆件之间采用螺栓球节点相连，连接螺栓选用 M12 不锈钢螺栓，材质为 A2-70，杆件端部采用挤压方式连接的封板构造。对网架三个角点的下弦节点施加铰接约束。结构位于离地面 10m 处。试验算结构是否满足设计要求。

【解】 （1）荷载组合

恒载标准值 q_{Dk} 包括杆件自重及屋面板自重，屋面板通常选用 1.3mm 厚铝合金屋面板：

$$q_{Dkroof} = 1.3\times10^{-3}\times2700\times9.8 = 34.39\text{N/m}^2$$

活荷载标准值：

$$q_{Lk} = 500 \text{N/m}^2$$

雪荷载标准值（按天津地区取值）：

$$q_{Sk} = \mu_r S_0 = 1.0 \times 400 = 400 \text{N/m}^2$$

风荷载标准值：

$$q_{Wk} = \beta_Z \mu_S \mu_Z \omega_0 = 1.5 \times (-1.3) \times 0.65 \times 500 = 633.75 \text{N/m}^2$$

因活荷载大于雪荷载，荷载组合中采用活荷载。

验算强度时考虑以下2种基本组合：

荷载组合1：$1.3q_{Dk} + 1.5q_{Lk}$

荷载组合2：$1.0q_{Dk} + 1.5q_{Wk}$

验算变形时考虑标准组合：$1.0q_{Dk} + 1.0q_{Lk}$

（2）有限元模型计算

采用 ANSYS 有限元分析软件进行模型的建立，杆件采用 Link8 单元，将屋面板恒载、活载以及风荷载均转换为节点荷载施加于结构。

荷载组合1工况下杆件轴力最大值为压力 13330.9N，拉力 12022.4N（图 7-23）。荷载组合2工况下杆件轴力最大值为压力 12829.9N，拉力 14228.8N（图 7-24）。

结构在标准组合下的最大竖向位移为 15.53mm（图 7-25），小于 1/250 结构短跨，即 37.41mm 的位移限值。结构位移满足要求。

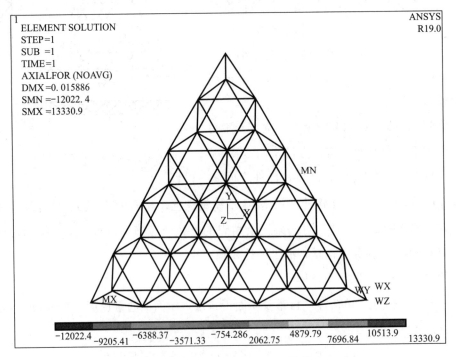

图 7-23　荷载基本组合 1 工况下结构轴力云图

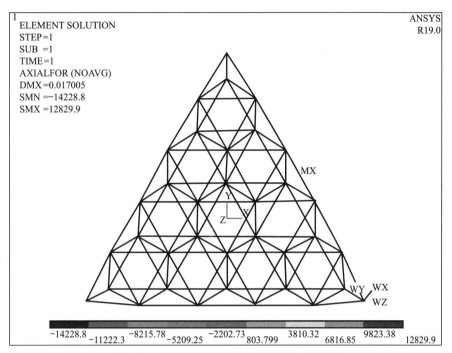

图 7-24　荷载基本组合 2 工况下结构轴力云图

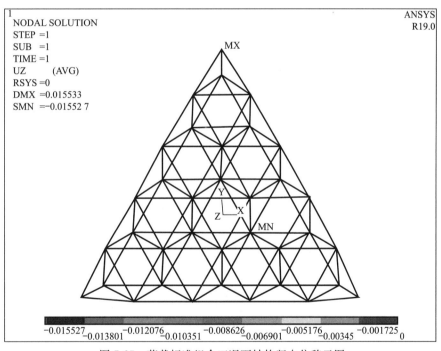

图 7-25　荷载标准组合工况下结构竖向位移云图

（3）杆件验算

①杆件强度

铝管径厚比 $56/2=28<50/(240/f_{0.2})$，无需对铝管厚度进行折减。

对于铝管截面：

$$A_e = (28^2 - 26^2) \times 3.14 = 339.29 \text{m}^2$$

$$I_e = \frac{1}{64} \times (56^4 - 52^4) \times 3.14 = 123841.6 \text{m}^4$$

荷载组合 2 最大轴力作用下杆件截面强度：

$$\frac{N_{max}}{A} = \frac{14228.8}{339.29} = 41.94 \text{MPa} < f = 200 \text{MPa}$$

②稳定性验算

荷载组合 1：支座处腹杆长度为 1.60m，最大轴压力为 13330.9N。

$$N_{cr} = \frac{\pi^2 EI}{l_0^2} = \frac{3.14^2 \times 70000 \times 123841.6}{1600^2} = 33421.37 \text{N}$$

$$\bar{\lambda} = \sqrt{\frac{A_e f_{0.2}}{N_{cr}}} = \sqrt{\frac{339.29 \times 240}{33421.37}} = 1.56$$

$$\eta = \alpha(\bar{\lambda} - \bar{\lambda}_0) = 0.22 \times (1.56 - 0.15) = 0.310$$

$$\varphi = \frac{1 + \eta + \bar{\lambda}^2}{2\bar{\lambda}^2} - \sqrt{\left(\frac{1 + \eta + \bar{\lambda}^2}{2\bar{\lambda}^2}\right)^2 - \frac{1}{\bar{\lambda}^2}} = 0.344$$

$$\frac{N}{\eta_{as} \eta_{haz} \varphi A_e f} = \frac{13330.9}{1.0 \times 1.0 \times 0.344 \times 339.29 \times 200} = 0.572 \leqslant 1.0$$

荷载组合 2：最外圈下弦杆件长度为 2.16m，最大轴力为 12829.9N。

$$N_{cr} = \frac{\pi^2 EI}{l_0^2} = \frac{3.14^2 \times 70000 \times 123841.6}{2160^2} = 18338.20 \text{N}$$

$$\bar{\lambda} = \sqrt{\frac{A_e f_{0.2}}{N_{cr}}} = \sqrt{\frac{339.29 \times 240}{18338.20}} = 2.11$$

$$\eta = \alpha(\bar{\lambda} - \bar{\lambda}_0) = 0.22 \times (1.56 - 0.15) = 0.431$$

$$\varphi = \frac{1 + \eta + \bar{\lambda}^2}{2\bar{\lambda}^2} - \sqrt{\left(\frac{1 + \eta + \bar{\lambda}^2}{2\bar{\lambda}^2}\right)^2 - \frac{1}{\bar{\lambda}^2}} = 0.201$$

$$\frac{N}{\eta_{as} \eta_{haz} \varphi A_e f} = \frac{12829.9}{1.0 \times 1.0 \times 0.201 \times 339.29 \times 200} = 0.941 \leqslant 1.0$$

杆件强度及稳定均满足设计要求。

（4）节点强度验算

①螺栓强度验算

$$N_b^t = A_{eff} f_b^t = 84 \times 295 = 24780 \text{N} > N_{max} = 14228.8 \text{N}$$

②杆件端部强度验算

由于杆件端部与封板连接具体尺寸构造涉及加工模具、挤压工艺等，此处不针对其构造细节进行强度验算，仅按照"采用挤压方式连接时其连接部位的承载力应不低于连接管件的85%"进行验算。

$$85\%A_ef=85\%\times339.29\times200=57679.3N>N_{max}=14228.8N$$

节点区域的螺栓及杆件端部均满足设计要求。

【习题】

7-1 试简述结构设计的主要流程。

7-2 铝合金空间网格结构的结构形式包括哪些？

7-3 在结构设计中，需要考虑哪些荷载效应？试分别写出承载能力极限状态与正常使用极限状态下可能的荷载组合。

7-4 影响铝合金板式节点承载力的因素包括哪些？

7-5 影响铝合金螺栓球节点承载力的因素包括哪些？

7-6 影响铝合金毂式节点承载力的因素包括哪些？

第 **8** 章

铝合金结构的制作与安装

【知识点】 建筑用铝合金型材的主要加工制作工艺，熔炼的目的与工艺流程，铝合金构件挤压的基本原理、工艺流程与主要参数，铝合金结构装配式拼装技术的过程及安装要求，大跨度铝结构的典型安装方法及其适用范围、施工注意事项，型材表面处理的方法、原理、工艺。

【重点】 建筑用铝合金型材的主要加工制作工艺，大跨度铝结构的典型安装方法及其适用范围、施工注意事项，型材表面处理的方法、原理、工艺。

【难点】 大跨度铝结构的典型安装方法及其适用范围、施工注意事项，型材表面处理的方法、原理、工艺。

8.1 铝合金构件的加工与制作

建筑结构用铝合金构件一般为挤压成型，绝大多数采用 6063、6061、6082 系铝合金生产。铝合金具有良好的塑性，工艺成型性能好，且具有良好的表面处理性能，可以生成薄壁轻巧、形状复杂、美观耐用的高精度优质型材。建筑用铝合金型材加工工艺流程如图 8-1 所示。

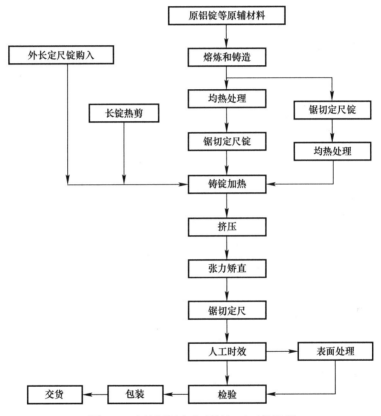

图 8-1　建筑用铝合金型材加工工艺流程

8.1.1 铝及铝合金的熔铸

在纯铝中添加合金化元素可获得具有某些特性的铝合金，采用的主要合金化元素有铜、镁、锰、锌、硅、锂、镍等，形成各种强化相，使合金强化。通过微量添加剂如锰（不作合金化元素时）、钛、铬、锆、钒等，可细化合金组织，改善合金性能。铝及铝合金通过熔铸生产出铸铝锭，作为塑性加工的坯料。熔铸生产分为熔炼和铸造两部分，是使金属合金化的一种方法。它是采用加热的方式改变金属物态，使基体金属和合金化组元按要求的配比熔制成成分均匀的熔体，并使其满足内部纯洁度、铸造温度和其他特定要求的一种工艺过程。熔炼是将纯铝（电解铝）和回收铝及其他金属重新熔化并精炼，去除气体和杂质，使其成为质量均匀并达到一定化学成分要求的优质铝合金液，用于铸造铸件或铸锭。熔体的品质对铝材的加工性能和最终使用性能产生决定性的影响，如果熔体品质先天不足，将给制品的使用带来潜在的危险。铸造是将合格的铝合金液浇入铸型或锭模，经冷却凝固后得到一定形状的优质铝合金铸件或铸锭。锭本身的强度较低，塑性较差，在很多情况下不能满足使用要求。因此，通过对铸锭轧制、挤压、拉伸、锻造等塑性变形加工，改变其断面的形状和尺寸，改善其组织、提高性能。制成的板、带、铂、管、型、棒、线和锻件等各种铝材，除具有铝的一般特性外，还具有较高的强度，可作为结构材料使用。

8.1.1.1 熔炼目的

熔炼是对加工制品的品质起支配作用的一道关键工序，基本目的是：熔炼出化学成分符合要求，并且纯洁度高的铝合金熔体，为铸造成各种形状的铸锭创造有利条件。

（1）获得化学成分均匀且符合要求的合金

合金材料的组织和性能，除了受工艺条件的影响外，要靠化学成分来保证。如果某一成分或杂质超出标准，就要按化学成分废品处理，造成很大的损失。同时，在合金成分范围内调整好一些元素的含量，可提高铸锭成型性，减少裂纹废品的产生。

（2）获得纯洁度高的合金熔体

不论是冶炼厂供应的金属或回炉的废料，往往含有杂质、气体、氧化物或其他夹杂物，必须通过熔炼过程，借助物理或化学的精炼作用，排除这些杂质、气体、氧化物等，以提高熔体金属的纯洁度。

（3）复化回收废料使其得到合理使用

回收的废料往往混杂不同合金，成分不清，或被油等杂物污染，或碎屑不能直接用于成型和加工，必须借助熔炼过程以获得准确的化学成分，并铸成适用于再次入炉的铸锭。

8.1.1.2 熔炼工艺流程

熔炼工艺的基本要求是：尽量缩短熔炼时间，准确地控制化学成分，尽可能减少熔炼烧损，采用最好的精炼方法，准确控制熔炼温度。熔炼工艺过程的正确与否，直接关系到铸锭的质量及以后铝加工材的质量。如果工艺过程控制不当，会在铝材中产生夹渣、气孔、晶粒粗大、羽毛晶等多种铸造缺陷，因此必须严加控制此过程环节。铝及铝合金熔炼工艺流程见图8-2，熔炼炉如图8-3所示。

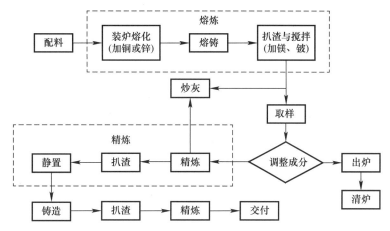

图 8-2　铝合金熔炼工艺流程

图 8-3　熔炼炉

具体工艺流程如下：

（1）装炉

熔炼时，装入炉料的顺序和方法不仅关系到熔炼的时间、金属的烧损、热能消耗，还会影响到金属熔体的质量和炉子的使用寿命。因此正确的装料要根据所加入炉料的性质与状态而定，还应考虑到最快的熔化速度，最少的烧损以及准确的化学成分控制。装炉时，先装小块或薄块废料，铝锭和大块料装在中间，最后装中间合金。所装入的炉料应在熔池中均匀分布，并尽量装满炉。

（2）熔炼

炉料装完后即可升温熔炼，熔炼是从固态转变为液态的过程。这一过程的好坏，对产品质量有决定性的影响。当表层金属熔化后，应将未熔化的大块铝推入高温区加速熔化。在炉料软化下榻时，应适当向金属表面撒一层粉状溶剂覆盖。当炉料熔化一部分后，即可向液体中均匀加入锌锭或铜板。

（3）扒渣与搅拌

当炉料在熔池里已充分熔化，且熔体温度达到熔炼温度时，即可扒除熔体表面漂浮的大量氧化渣。在取样之前，调整化学成分之后，都应当及时搅拌。其目的在于使铝合金成分均匀分布，熔体内温度趋于一致。这看起来似乎是一种极简单的操作，但是在工艺过程中是很重要的工序。因为一些密度较大的合金元素容易沉底，且合金元素的加入不可能绝对均匀，会造成熔体上下层之间、炉内各区域之间合金元素的分布不均匀。

（4）炒灰

在炉中撒入造渣剂，用耙子搓动使铝液与渣基本彻底分离，将表层的渣扒在指定地方，锅内的铝液待冷却后扒出，待下一炉熔炼时再入炉。

（5）取样与调整成分

熔体经充分搅拌之后，在熔炼温度中进行取样，对炉料进行化学成分快速分析，并根据炉前分析结果调整成分。

（6）精炼

工业生产的铝合金绝大多数在熔炼炉不设气体精炼过程，而主要靠静置炉精炼和在线处理，但有的铝加工厂仍设有熔炼炉内精炼，其目的是提高熔体的纯洁度。

（7）出炉和清炉

当熔体经过精炼处理，并扒出表面浮渣，待温度合适时，即可将金属熔体转注到静置炉，以便准备铸造，出炉后进行清炉。

8.1.2　铝合金构件挤压工艺

铝及铝合金型材的生产方法可分为挤压和轧制两大类。铝合金型材品种规格繁多，断面形状复杂，尺寸和表面要求严格，大多采用挤压方法生产。仅在生产形状简单的型材时，才使用轧制方法。

8.1.2.1　挤压基本原理

挤压成型是对盛在挤压筒内的金属锭坯施加外力，使其从特定形状的尺寸的模孔中挤出，产生塑性变形，从而获得所需断面形状和尺寸的挤压产品的一种塑性加工方法。挤压成型法可以提高金属的变形能力，金属在挤压变形区中处于三向压应力状态，可充分发挥其塑性，获得材料的最大变形量。挤压变形还可以改善其材料组织，提高其力学性能，特别是对于具有挤压效应的铝合金，其挤压制品在淬火时效后，纵向（挤压方向）力学性能远高于其他加工方法生产的同类产品。且挤压加工产品范围广,不但可以生产断面形状简单的管、棒、线材,还可以生产断面形状非常复杂的实心和空心型材。挤压成型法虽然具有以上优点,但是也有其不利方面,如制品组织性能不均匀、几何废料损失较大、生产效率低等。

按挤压时材料流出模孔的方向与挤压轴运动方向分为正向挤压法和反向挤压法。正向挤压是型材最基本、最广泛采用的生产方法,几乎所有的铝合金型材都可以用正向挤压法生产。与正向挤压相比,反向挤压可节能 30%~40%,制品的组织性能均匀,纵向尺寸均匀,粗晶环深度很浅,成品率高。金属挤压基本原理如图 8-4 所示。

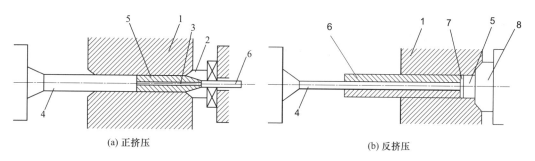

(a) 正挤压　　　　　　　　　　　　(b) 反挤压

图 8-4　挤压方法原理示意图

1—挤压筒;2—挤压模;3—穿针孔;4—挤压轴;5—锭坯;6—管材;7—垫片;8—堵头

8.1.2.2　挤压工艺流程

挤压是铝合金型材加工流程的重要一环。挤压方法、坯料形状与尺寸以及挤压温度和挤压速度、模具结构的确定都是影响铝合金型材挤压质量的关键因素。挤压加工能充分发挥材料的塑性或材料的最大变形量,使其金属制品的综合质量大幅度提高,但也存在相应的缺陷。所以必须制定合理挤压工艺流程,来保证铝合金构件的质量和生产周期。挤压工艺流程图如图 8-5 所示,挤压型材流水线设备如图 8-6 所示。

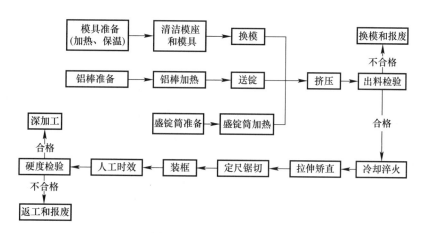

图 8-5　挤压工艺流程图

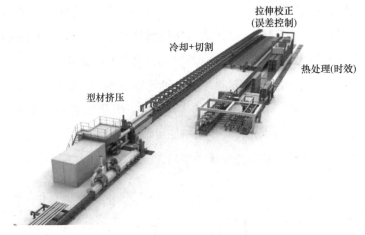

图 8-6　挤压型材流水线设备

1. 挤压准备工作

（1）铸锭均匀化退火

铸造生产出的铸锭，化学成分和组织不均衡。主要表现在两方面：其一是晶粒间存在铸造应力；其二是非平衡结晶引起的晶粒内化学成分的不平衡，晶粒组织不均匀，塑性较差。这两个问题的存在，会使挤压变得困难。同时，挤压出的产品在机械性能、表面处理性能方面都有所下降。因此，在挤压前必须进行均匀化退火，目的是消除铸造应力和晶粒内化学成分不平衡，使固溶体晶粒内部成分均匀。经过均匀化退火处理后，铸锭的组织和力学性能会发生明显变化，塑性和横向力学性能提高，变形抗力降低。高温均匀化退火一般范围为：(560 ± 20)℃，保温 $4 \sim 6h$，出炉后快速冷却至室温。用缓冷后的铸锭挤压型材。

（2）挤压工具的准备

挤压工具指挤压轴、挤压筒、挤压垫片。生产前最重要的工作就是调整好挤压轴、挤压筒、模具和送料机械手的中心。中心偏差太小，设备难以调整、控制。中心偏差太大，模具偏离中心会造成金属流动不均，型材易产生壁厚不均、弯曲、扭拧等缺陷。

建筑型材的挤压一般用 $8 \sim 25MN$ 挤压机，挤压筒内孔直径为 $100 \sim 260mm$，图 8-7 为超大吨位铝合金挤压机。

模具的准备和加热：铝合金 6061 材料作为主要建筑用材，在挤压时为了防止铸锭降温，造成闷车和工具损坏，保证铝材组织、性能的均匀性，凡与铝铸锭接触的工、模具都要进行充分的预热。工、模具加热炉一般定温 400℃，特殊情况下最高定温 450℃。模具在保温炉中到温后须保温 $1h$ 以上；挤压筒加热目前采用的有两种方法：一种是置于工具炉中加热，保温时间不少于 $6h$，届时快速与挤压机对接安装，安装好后，利用自身的加热装置保温在一定温度下进行挤压。这种方法费时较少，但在热状态下安装，操作不便，增加劳动强度。另一种方法即直接利用挤压筒自身装置加热，但耗时长，影响生产进度。

图 8-7　超大吨位铝合金挤压机

（3）铸锭准备及加热

铸锭在入炉加热之前应核对合金牌号是否正确，各机台所使用的铝合金铸锭必须要有炉次编号，对于编号不清或有疑问的铝棒及时记录反馈。不允许铝铸锭在地面上滚动，表面有泥沙、灰尘时，应清理干净后再入炉加热；凡是有明显夹渣、冷隔、中心裂纹和弯曲等严重缺陷的，必须将其挑选出来退回熔铸车间。

铝合金铸锭加热温度的上限应低于合金低熔点共晶熔化温度，下限应高于铝合金与固熔线交界点相对应的温度，以能够挤动铸锭为限。铸锭在炉中的加热温度选择 475～500℃之间为宜。铸锭可以采用感应炉、煤气炉或电阻炉加热。电阻炉只能对铸锭均匀加热，而感应炉和采取特殊措施的煤气炉可以实现梯温加热。

2. 挤压

铝棒是挤压过程的坯料，挤压用铝棒可以是实心也可以是空心，由调好合金成分的铝合金棒材锯切而成。通常是圆柱体，长度由挤压盛锭筒决定。各个厂家的铝棒长度都不一致，由铝型材最终所需长度、挤压比、出料长度以及挤压余量决定。标准长度一般为 660～1830mm，外径范围约为 76～838mm。

当最终产品的形状确定好，选择好合适的铝合金，挤压模具制造已经完成，预热铝棒和挤压工具，实际挤压过程的准备工作就已完成。在挤压过程中，铝棒本来是固态，在加热炉中逐渐变软。铝合金熔点约为660℃。挤压加工过程典型的加热温度一般高于375℃，并取决于金属的挤压状况，有时可高达500℃。实际的挤压过程始于当挤压杆开始对盛锭筒内的铝棒施加压力时。挤压力决定了挤压机能生产的挤压产品大小。

当挤压刚刚开始时，铝棒受到模具的反作用力而变短、变粗，直到铝棒的膨胀受到盛锭筒筒壁制约。当压力继续增加，柔软的（仍然是固体）金属无处可流，开始从模具的成型孔被挤压到模具的另一端出来，就形成了型材，如图8-8所示。大约有10%的铝棒被剩在盛锭筒内，挤压产品从模具处切下来，剩余在盛锭筒的金属也被清理回收利用。当产品离开模具后，热的挤压产品被淬火、机械处理和时效。

图 8-8　铝型材挤压机出料

3. 拉伸矫直

拉伸矫直是使铝型材在张力作用下产生轻微塑性变形而实现矫直。因此拉伸矫直对型材表面及力学性能都有影响。当拉伸时采用过大的伸长率会使型材表面产生桔皮状现象，影响型材的光亮度和后部表面处理品质。适当的拉伸变形，可以加速时效过程，使制品的轻度略有提高。过大的拉伸量除产生"桔皮"外，还会改变断面尺寸，以及容易引起过时效，反而会使制品强度降低。

4. 冷却淬火

由于合金不同，要求的状态、制品的大小、壁厚不同，要求的冷却速度也不同。因此，在出料台上方除安装一定的冷却风机外，还应安装喷雾或喷水装置，以调整挤压制品流出后不同的冷却速度，满足不同合金、不同状态对制品组织性能的要求。6061-T6铝合金材质的挤压型材淬火一般采用强风、水雾或直接水冷方式，并要在2～3min将温度降至200℃以下。

5. 人工时效

一些挤压产品需要通过时效以达到最佳强度，因此也称为时效硬化。自然时效在室温下进行，人工时效则在时效炉内进行。对 6061-T6 合金，人工时效炉炉内温度控制在 175±5℃范围内，达到要求温度后保温 8h 出炉，出炉后自然冷却到室温状态。炉内温度达到工艺要求温度时，时效工每隔 30min 用玻璃管测温仪测量炉内实际温度，并做好原始记录；对于同一炉型材，在相同时效工艺条件下，若出现部分型材硬度达不到规定要求的情况，时效工应做好记录，并重新进行时效处理。

8.1.2.3 挤压工艺参数

挤压生产的主要工艺参数有：挤压系数、加热温度、挤压温度、挤压速度、工艺润滑、模具孔数和铸锭尺寸等。

（1）挤压系数

材料在填充挤压阶段变形量的大小通常用挤压系数（挤压比）λ 来表示。

$$\lambda = F_m / F_k \tag{8-1}$$

式中　λ——挤压系数；

F_m——金属变形前的横截面面积（对挤压型实心锭、棒材为挤压筒的横断面面积，对挤压管材为挤压筒与挤压针之间的圆环面积）；

F_k——挤压制品的截面面积。

挤压系数 λ 越大，挤出的制品越长，所需挤压力越大，对模具强度的要求越高。挤压系数过小，挤压制品短，产品力学性能低，成品率低。因此应根据材料特性、成品要求、挤压机的挤压压力进行合理选择。

（2）加热温度

挤压最重要的问题是金属温度的控制。加热温度低，变形抗力大，容易引起闷车，变形难以进行。加热温度过高，变形抗力减小，不会闷车，但必须控制挤压速度。在实际生产中，经常容易发生由于加热温度和挤压工、模具温度控制不到位引发的闷车现象和挤压裂纹。

（3）挤压温度

挤压温度是挤压工艺中重要的工艺参数，对铝合金的变形过程、变形后的组织性能有着极其重要的影响。挤压温度高，对某些合金，如 6061、6063 等软合金（这些合金熔点较高，其正常挤压温度远低于熔点温度），会出现晶粒粗大，抗拉强度、屈服强度、硬度会降低，伸长率提高。当挤压温度升到 500℃以上时，伸长率开始下降，这是晶粒过分长大所致。对另一些铝合金，如 2×××、7××××系列铝合金，挤压、加工后大都要进行淬火以提高力学性能，高温挤压会使粗晶组织减少，进而提高力学性能，低温挤压反而会加重粗晶环的形成，从而使力学性能恶化。因此，对 6061、6063 等铝合金，控制在中限温度挤压较好，对 2×××、7××××系列铝合金，尽可能控制在上限温度挤压，以减少或消除粗晶环的影响。

挤压温度对表面质量、尺寸公差、工具寿命及能量消耗也有一定的影响。当挤压温度高时，模子工作带易黏金属，使制品表面不光滑，出现麻面，并降低制品的表面质量和尺寸精度。随着挤压温度的不断提高，挤压速度逐渐下降，造成生产效率降低。

（4）挤压速度

挤压速度是挤压工艺中的一个重要参数，挤压过程中，必须严格控制挤压速度。挤压速度对变形热效应、变形均匀性、再结晶和固熔过程、制品力学性能及制品表面质量均有重要影响。在保证挤压制品尺寸合格和不产生挤压裂纹、扭拧、波浪等缺陷的前提下，应在设备能力许可的条件下尽量选用较大的挤压速度。在进行快速挤压时，应考虑适当调整铝合金的成分、微量元素的控制、铸锭均匀化组织的控制、适当降低挤压温度和有效模具等重要环节。表8-1给出了常用建筑铝合金挤压型材时的锭坯、挤压筒加热温度和平均流出速度。

建筑常用铝合金挤压制品的挤压温度、平均流出速度（参考值）　　表 8-1

合金	制品	温度（℃）		平均流出速度（m·min^{-1}）
		锭坯	挤压筒	
6063，6061		450～520	450～480	3～15，6063 铝合金可达 120
6063	装饰型材	450～500	450～480	约 120
6063、6A02	空心建筑型材	480～530	450～480	8～60，6063 铝合金可达 100

8.1.3　铝合金构件的数字化加工工艺

铝合金材料与钢材相比具有自重轻、耐腐蚀的特点，结构工程中能充分发挥铝合金优点的是大跨度空间结构（如体育场、会议厅和礼堂等）和长期暴露于潮湿、腐蚀性环境的结构（如游泳馆、展览温室、海边建筑等）。目前，大跨度铝合金结构屋盖系统集成了主体结构、外装饰幕墙、防水、内装饰、保温、吸声降噪、通风、采光、吊挂、维修清洗等全部功能，而且部分功能实现了模块化，加工难度相当大。因此在设计及施工阶段，需要采取参数化与信息化集成设计手段，形成铝合金结构体系构件的模数制、参数化、数字化，实现体系产品的标准化，同时又可以满足大跨度建筑丰富多变的需求。

此外，铝合金结构的结构型材、节点板、面板所有材料均为工厂预制产品，大部分工艺环节必须采用数控加工，以保障加工精度，达到安装的效果。工厂预制包括铝型材的热挤压和辊轧工艺、二次数控精加工两个主要环节。铝合金型材的二次数控精加工主要包括数控冲、钻、铣、切割、折弯等工艺，传统的冲压机床加工方式难以满足复杂构配件高精度要求，目前针对大跨度铝结构体系复杂构件和节点的加工需要全数控自动加工制造，以提高生产效率和制作质量。

数控系统即计算机数控（Computerized Numerical Control，简称CNC），是用计算机控制加工功能，实现数值控制的系统。CNC系统可以把被加工构件的形状、尺寸等信息转换成数值数据指令信号传送到电子控制装置，由该装置控制驱动机床刀具的运动加工而成。数控设备一般由输入装置、信息处理、伺服系统和机床机构等四部分组成，如图8-9所示。

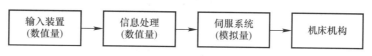

图8-9　数控设备的组成

全数控自动加工制造所有工序均采用自动化生产，所有原材料都是通过自动上料系统进入设备进行加工，通过自动下料系统自动出料。杆件CAD图纸信息转化进数控系统的数控编程软件中，按照不同规格类型的杆件设置相应的转速、进给量、切削量等，通过数字化输入到主设备控制端，机器会自动实现杆件的移动、夹紧、位置检测、位置设定，自动检测长度，自动定位，按照信息自动调用设置程序进行加工，杆件的铣筋、切角、钻孔通过数控加工完成，如图8-10所示。

(a) 自动上下料系统　　　　　　　　　　(b) 大型铝合金构件数控加工装置

图8-10　构件数控加工

铝合金单层网壳结构由离散的杆件通过节点连接而成，因此节点是结构系统中重要的受力部分。铝合金空间网格结构主要采用机械连接形式的节点，应用较为广泛的是板式节点。铝合金节点板加工采用模压成型法，模压成型法是采用专业的模具实现铝合金圆盘的一次成型，在成型的过程中，可根据节点盘曲面的角度适当地调整模具上的 8 个滑动模块的角度，从而实现节点板的曲面成型，再进行切边及数控钻孔。节点加工装置如图 8-11 所示。

图 8-11　板式节点数控加工

8.2　铝合金结构安装

8.2.1　装配式拼装技术

8.2.1.1　预拼装技术

随着建筑造型的日益丰富，目前工程中的铝合金空间结构多为复杂异型结构，为了保证结构安装完成后表现出完美的建筑效果，对制作精度和安装精度要求极高。因此，在结构杆件及相关构配件加工制作完成后，必须进行预拼装。通过预拼装后，可以明确施工工艺流程、质量验收标准、安全注意事项等，为后续大面积施工的控制标准提供参考依据，将抽象的设计标准及控制参数转化为形象具体的工程实体标准，从而有效地保证工程质量。通过更具有视觉冲击和更具立体感的大面积样板段，可以确定材料以及在施工过程中消除工程质量缺陷、修改优化相关设计参数，使得相关人员可以直观地确定设计参数，以便最终实施的工程满足相关标准和质量品质要求，实现建筑功能，保证设计外观。

预拼装可采取单元预拼装、部分结构预拼装或整体结构预拼装。预拼装用的场地应平整，并应满足拼装承载力要求。预拼装所用的胎架、支承凳或平台应测量找平，检测时应拆除全部临时固定和拉紧装置。所有进行预拼装的构件应符合质量要求，相同构件应可互换，并应在自由状态下进行预拼装。预拼装时应采取保护措施，所有构件表面不得损伤。铝合金空间网格结构预拼装允许偏差应符合表 8-2 要求。

构件类型	项目		允许偏差	检验方法
桁架	跨度最外侧支承面间距离		±5.0	用钢尺检查
	接口处截面错位		$t/10$ 且不应大于 2.0	用卡尺检查
	拱度	设计要求起拱	±$L/5000$	用拉线和钢尺检查
		设计未要求起拱	+$L/2000$	
	节点处杆件轴线错位		2.0	用钢尺检查
管构件	构件长度		±5.0	用钢尺检查
	弯曲矢高		$L/1500$，且不应大于 5.0	用拉线和钢尺检查
	对口错边		$t/10$ 且不应大于 2.0	用卡尺检查
空间单元	单元长、宽		±5.0	用钢尺检查
	单元对角线		±7.0	用钢尺检查
	单元弯曲矢高		$L/1500$，且不应大于 5.0	用拉线和钢尺检查
	接口错边		$t/10$ 且不应大于 2.0	用卡尺检查
	节点处杆件轴线错位		2.0	用钢尺检查

注：L 为长度、跨度，t 为板、壁厚度。

8.2.1.2　现场全装配式施工工艺

结构用铝合金材料的焊接性能较差，焊接热影响效应会降低焊接铝合金材料的强度，所以结构用铝合金的连接宜优先采用机械连接。目前板式节点是当今铝合金空间网格结构中的主要节点形式，铝合金板式节点多采用环槽铆钉将上下两块节点板和杆件翼缘紧密连接，由节点板传递杆件内力，如图 8-12 所示，加工和组装允许偏差如表 8-3 所示。环槽铆钉，是一种由铆钉杆与钉帽（也称套环）组成，在专用铆钉枪的挤压紧固下钉帽发生塑性变形而与钉杆环槽紧密连接的新型紧固件。通过环槽铆钉连接的板式节点实现了铝合金空间结构的全装配式安装，标准化程度高，可以实现现场全装配安装。制作时也可模块式处理，安装不需要大型机械辅助，安装场地半径小，地面道路要求低。

板式节点加工和组装允许偏差　　　　表 8-3

项目		允许偏差	检查方法
零件宽度、长度（mm）		±0.5	用钢卷尺或游标卡尺检查
节点板平面度（mm）		$B/1000$ 且不应大于 1.0	用百分表检查
节点板不同面的夹角		±30′	用分度头或角度尺检查
节点板上的螺栓孔距离（mm）	一组内	±0.2	用游标卡尺检查
	组与组之间	±0.5	用游标卡尺检查

注：B 为节点板边长。

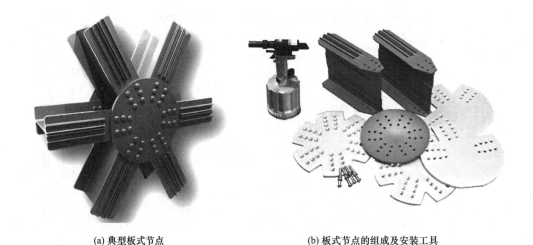

(a) 典型板式节点   (b) 板式节点的组成及安装工具

图 8-12   板式节点示意图

环槽铆钉的起源追溯至 20 世纪四十年代，美国 Huck 公司为解决战斗机起降引发的航空母舰螺栓松动问题发明了环槽铆钉。目前常用的环槽铆钉有三种类型，分别为拉断型、短尾型和单面连接型，如图 8-13 所示，铝合金空间网格结构使用最多的环槽铆钉类型为拉断型，单面连接型环槽铆钉常应用于特殊截面如箱形类的闭口型截面。环槽铆钉命名中的"环槽"表示铆钉杆上一圈圈平行的环状沟槽，如图 8-13 所示，这也是铆钉杆与螺栓杆最大的不同，铆钉帽正是在紧固设备强大的压力作用下与环槽之间产生相互作用、发生永久变形而形成稳固的整体。环槽一般采用强度较高的不锈钢或合金钢，而且在几何形状上比一般的螺纹间距大、沟槽深，因此能提供较强的机械咬合力。

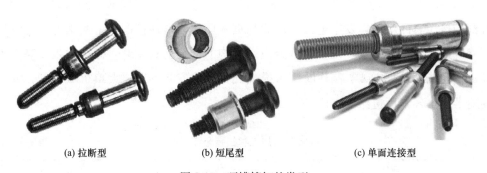

(a) 拉断型   (b) 短尾型   (c) 单面连接型

图 8-13   环槽铆钉的类型

拉断型环槽铆钉的一般紧固过程分为四步，如图 8-14 所示。首先应将环槽铆钉杆穿过待连接板件上预留的铆钉孔，并将钉帽穿过钉杆。第 2 步是使用紧固设备（这里主要指如图 8-15 所示的气动液压或液压铆钉枪）的枪口套住钉帽并用力下沉直至枪口与板件贴合。第 3 步是扣动紧固设备的开关，这时铆钉枪中的夹头套筒在压力的作用下向后拉动铆钉的尾部，同时枪口在反推力的作用下向前移动，进而枪口中的压模挤压钉帽而使其发生塑性变形。最后，当作用于钉杆尾部的拉力超过断颈槽截面的受拉承载力时钉尾被拉断，钉帽材料也基本填满钉杆环槽。至此紧固过程结束。

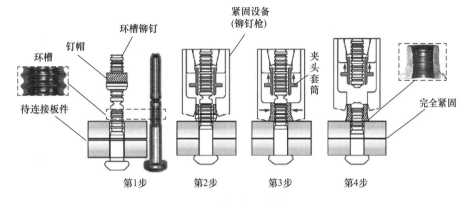

图 8-14　环槽铆钉及其紧固过程

图 8-15　环槽铆钉的紧固设备

相比于传统紧固件如螺栓或普通铆钉，环槽铆钉装配式安装有以下优点：

（1）安装方便。环槽铆钉作为一种冷挤压的紧固件避免了传统热铆的加热过程，而且所需安装空间小，为施工带来很大的便利。相比于高强度螺栓，环槽铆钉紧固过程中无需使用扭矩扳手即可施加固定的预紧力值。

（2）可快速连接。环槽铆钉的连接速度远高于螺栓，操作熟练的工人可在 5s 内完成一颗铆钉的安装。这样一来，若环槽铆钉能与铝合金结构结合在一起，可进一步发挥铝合金结构快速装配的优势。

（3）不发生咬扣。虽然环槽铆钉的钉杆及钉帽材料常选择不锈钢，但由前文所述的铆钉紧固原理可知，它不存在咬扣现象。

（4）防松动、抗振动性能优良。由于钉帽塑性流动后与钉杆环槽近乎形成协同工作的整体，因而在振动及往复荷载作用下拥有优异的工作性能。而且环槽铆钉的发明就是为了解决螺栓的松动问题，可知其有较强的防松动能力。

（5）疲劳寿命优异。此特点是环槽铆钉良好防松动性能的衍生优点。

8.2.2 大跨度铝合金结构安装

铝合金结构以耐腐蚀、重量轻、高精度预制标准化及全装配式施工等诸多优点，在大跨度空间结构（如体育场、会议厅和礼堂等）和长期暴露于潮湿、腐蚀性环境的结构（如游泳馆等）中得到广泛应用。结构的超高、异形和大型化，给施工技术的创新与发展，带来了新的挑战。本节重点介绍铝合金大跨度空间结构的施工安装技术。

大跨度铝合金结构的安装是将拼装好的结构用各种施工方法搁置在设计位置上，主要安装方法有高空散装法、分条（分段）或分块安装法、高空滑移法、整体吊装法、整体提升法及整体顶升法。安装方法根据结构的受力和构造特点，在满足质量、安装、进度和经济效果的要求下，结合施工技术综合确定。大跨度铝合金结构常用安装方法及适用范围如表8-4所示。

铝合金网架结构典型安装方法　　　　　　　　　　表8-4

类别	安装项目	适用结构
高空散装法	单杆件拼装	螺栓连接、销轴连接等非焊接结构
	小拼单元拼装	
分条（分段）或分块安装法	条状单元组装	分割后结构的刚度和受力状况改变较小的空间结构
	块状单元组装	
整体顶升法	利用网架支撑柱作为顶升时支撑结构	支点较少的多点支撑结构
	在原支点或附近设置临时顶升支架	
整体吊装法	单机、多机吊装	中小型各类结构，吊装时可在高空平移或旋转就位
	单根、多根拔杆吊装	
整体提升法	利用拔杆提升	周边支承及多点支承网架，可用升板机、液压千斤顶等小型机具施工
	利用结构提升	
高空滑移法	单条滑移法	能设置平行滑轨的各种空间结构
	逐条积累滑移法	

8.2.2.1 高空散装法

高空散装法是小拼单元或散件直接在设计位置进行总拼的方法。这种施工方法不需要大型起重设备，在高空一次拼装完毕，但现场及高空作业量大，而且需要搭设拼装支架。高空散装法脚手架用量大，高空作业多，技术上有一定难度。如成都市郫县体育馆项目，下部主体结构采用钢筋混凝土框架结构，屋盖采用铝合金单层网壳结构，并采用一体化维护系统，采用高空散装方法安装。北京大兴机场航站楼的中央C形区域采用了铝合金空间网格结构，也采用了高空散装法安装，如图8-16所示。

图 8-16　北京大兴机场航站楼铝合金单层网壳采光顶

高空散装法分为全支架（满堂红脚手架）法和悬挑法两种。

全支架法是大跨度结构常用的方法，但支架应具有足够的刚度和强度。对重要或大型工程还应进行试压，以确保安全、可靠。支架上支撑点的位置应设置在下弦处，支架支座下应采取措施，防止支座下沉，可采用木楔或千斤顶进行调整。该方法具有稳定沉降量，施工方便等优点，但消耗支架材料较多。拼装应从中间向两边发展，以减少积累误差，便于控制标高。在拼装过程中随时检查基准轴线位置、标高及垂直偏差，并及时纠正。支架的拆除应在结构拼装完成后进行，拆除顺序宜根据各支撑点结构的自重挠度值，采用分区分阶段按比例或用每步不大于 10mm 的等步下降法降落，以防止个别支撑点集中受力，造成拆除困难。对小型网架，可一次性同时拆除，但必须速度一致。图 8-17 给出了成都市郫县体育馆屋盖铝合金网壳安装支撑点布置图。

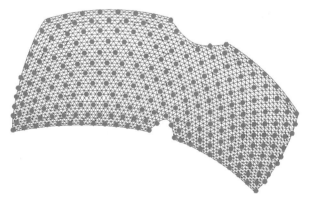

图 8-17　网壳安装支撑点布置图

悬挑法则多用于小拼单元在高空总拼，可以少搭支架。悬挑法施工时，应先拼成可承受自重的几何不变结构体系，然后逐步扩拼。为减少扩拼时结构的竖向位移，可设置少量支撑。悬挑法分为内扩法（由边支座向中央悬挑拼装）和外扩法（由中央向边支座悬挑拼装）。

铝合金网壳安装精度要求高，在安装过程中不可避免地出现安装误差，在拼装过程中应对控制点空间坐标随时跟踪测量，并及时调整至设计要求值，不应使拼装偏差逐步积累。可采取如下措施减小安装误差：

（1）提高加工制作的精度，减少现场安装偏差的累积。工厂杆件及节点板的加工已实现全数控加工，制孔加工精度可达到±0.05mm，孔距精度可达到±0.1mm，高精度的加工质量减少了现场的安装误差及相应累积误差。

（2）加密、加强现场测量控制，确保施工过程中施工误差的累积，如发现超出规范应及时采用措施进行调整。可通过螺旋式可调节支撑顶托对节点板的标高进行调整以及采用强制就位等方式，确保杆件和节点板的顺利安装，但严禁现场对杆件及节点板的孔进行修改、扩孔等，防止误差的累积。

8.2.2.2 整体吊装法

整体吊装法即为结构在地面总拼后，采用单根或多根拔杆，一台或多台起重机进行吊装就位的施工方法，如图8-19所示。这种施工方法的特点是在地面拼装，可保证工程质量。但占用施工场地，需大吨位吊装设备。

网架就地拼装时应错位布置，使网梁任何部位与支柱或拔杆的净距离不小于100mm，并应防止网架在起升过程中被凸出物（如牛腿等悬挑构件）卡住。由于空间网格结构错位需要，对个别杆件暂不组装时，应进行结构验算。

当采用单根拔杆整体吊装方案时，对矩形网架，可通过调整缆风绳使网格结构平移就位。对正多边形或圆形结构可通过旋转拔杆使转动就位。

采用多根拔杆方案时，可利用拔杆两侧起重滑轮组，使一侧滑轮组的钢丝绳放松，另一侧不动，从而产生不相等的水平力以推动网架移动或转动就位，如图8-18所示。

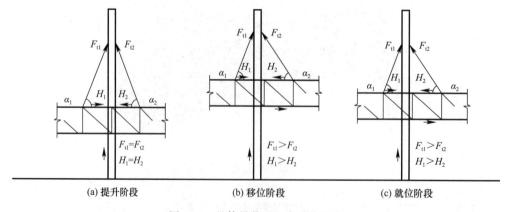

图8-18 整体吊装法空中移位示意

空间网格结构吊装设备可根据起重滑轮组的拉力进行受力分析，提升或就位阶段可分别按下列公式计算起重滑轮组的拉力：

提升阶段：

$$F_{t1} = F_{t2} = \frac{G_1}{2\sin\alpha_1} \tag{8-2}$$

就位阶段：

$$F_{t1}\sin\alpha_1 + F_{t2}\sin\alpha_2 = G_1 \tag{8-3}$$

$$F_{t1}\sin\alpha_1 = F_{t2}\sin\alpha_2 \tag{8-4}$$

式中　G_1——每根拔杆所负担的空间网格结构、索具等荷载（kN）；

　F_{t1}、F_{t2}——起重滑轮组的拉力（kN）；

　α_1、α_2——起重滑轮组钢丝绳与水平面的夹角（rad）。

8.2.2.3　分条（分段）或分块安装法

分条（分段）或分块安装法是指把整体结构划分为若干条（段）或块单元，分别由起重设备吊装至高空设计位置就位搁置，然后再拼接成整体结构。这种方法大部分拼接工作在地面进行，既能保证质量，还可省去大部分拼装支架，采用较少起重设备起吊重量，减少高空作业。

在分条或分块之间的合拢处产生的挠度值一般都超过空间网格结构形成整体后该处的自重挠度值。因此，在总拼前应用千斤顶等设备调整其挠度，使之与空间网格结构形成整体后该处挠度相同，然后进行总拼。在分条或分块之间的合拢处，可采用安装螺栓或其他临时定位等措施。

结构单元应具有足够的刚度并保证自身几何不变形，否则应采取临时加固措施。当空间网格结构分割成条状或块状单元后，对于正放类空间网格结构，在自重作用下若能形成稳定体系，可不考虑加固措施。而对于斜放类空间网格结构，分隔后往往形成几何可变体系，因而需要设置临时加固杆件。各种加固杆件在空间网格结构形成整体后方可拆除。

网格单元宜减少中间运输，如需运输，应采取措施防止变形。

8.2.2.4　高空滑移法

高空滑移法是指整体结构分成条单元，在事先设置的滑轨上滑移到设计位置拼接成整体的安装方法。高空滑移法可利用已建结构物作为高空拼装平台，如无建筑物可提供时，可在滑移开始端设置宽度约大于两个节间的拼装平台。有条件时，可以在地面拼成条或块状单元吊至拼装平台上进行拼装。该方法结构安装与下部其他施工可同时进行，以缩短施工工期。起重设备和牵引设备要求不高，可用小型起重机或卷扬机。该施工方法适用于正放四角锥、正放抽空四角锥、两向正交正放等网架，尤其适用于采用上述网架而场地狭小、跨越其他结构或设备等或需要进行立体交叉施工的情况。南京牛首山文化旅游区——佛顶宫屋盖为单层网壳结构，呈不规则曲面形式，采用高空轨道滑移法安装。

1. 分类

高空滑移法按滑移方式分为单条滑移法、逐条积累滑移法和滑架法，前二者为结构滑移，后一种为支架滑移，结构本身不滑移。

（1）单条滑移法。将条状单元一条一条分别从一端移到另一端就位安装，各条之间分别在高空进行连接，即逐条滑移到设计位置，逐条连成整体，如图 8-19（a）所示。此法摩擦阻力小，如再加上滚轮，小跨度时用人力撬即可撬动前进。

（2）逐条积累滑移法。先将条状单元滑移一段距离后（能拼装上第 2 单元的宽度即可），连接好第 2 单元，两条一起再滑移一段距离（宽度同上），再连接第 3 条，三条又一起滑移一段距离，如此循环操作，直至接上最后一条单元为止，如图 8-19（b）所示。此法牵引力逐渐加大，即使采用滑动摩擦方式，也只需小型卷扬机。

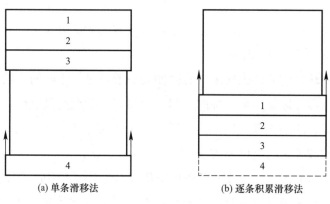

图 8-19　高空滑移法

（3）滑架法。施工时先搭设一个拼装支架，在拼装支架上拼装空间网格结构，完成相应几何不变的空间网格结构单元后移动拼装支架拼装下一单元。空间网格结构在分段滑移的拼装支架上分段拼装成整体，结构本身不滑移。

2. 施工注意事项

（1）空间网格结构在滑移时应至少设置两条滑轨，滑轨间必须平行。根据结构支承情况，滑轨可以倾斜设置，结构可上坡或下坡牵引。当滑轨倾斜时，必须采取安全措施，使结构在滑移过程中不致因自重向下滑动。对曲面空间网格结构的条状单元可用辅助支架调整结构的高低；对非矩形平面空间网格结构，在滑轨两边可对称或非对称将结构悬挑。

（2）滑轨可固定于梁顶面或专用支架上，也可置于地面，轨面标高宜高于或等于网架结构支座设计标高，滑轨接头处应垫实。滑轨及专用支架应能抵抗滑移时的水平力及竖向力。

（3）对大跨度空间网格结构，宜在跨中增设中间滑轨。中间滑轨宜用滚动摩擦方式滑移，两边滑轨宜用滑动摩擦方式滑移。滑轨下的支撑架应满足强度、刚度和单肢及整体稳定性要求，必要时还应进行试压，以确保安全可靠。当由于跨中增设滑轨引起网架杆件内力变号时，应采取临时加固措施，以防失稳。

（4）空间网架滑移时可用卷扬机或倒链牵引，根据牵引力大小及网架支座之间的杆件承载力，左右每边可采用一点或多点牵引。牵引力可按滑动摩擦或滚动摩擦分别按下式进行验算：

滑动摩擦：

$$F_t \geqslant \mu_1 \cdot \zeta \cdot G_{OK} \tag{8-5}$$

式中　F_t——总启动牵引力；

$\quad G_{OK}$——空间网格结构的总自重标准值；

$\quad \mu_1$——滑动摩擦系数，在自然轧制钢表面，经粗除锈充分润滑的钢与钢之间可取 0.12～0.15；

$\quad \zeta$——阻力系数，当有其他因素影响牵引力时，可取 1.3～1.5。

滚动摩擦：

$$F_t \geqslant \left(\frac{k}{r_1} + \mu_2 \frac{r}{r_1}\right) \cdot G_{OK} \cdot \zeta_1 \tag{8-6}$$

式中　F_t——总启动牵引力；

$\quad G_{OK}$——空间网格结构的总自重标准值；

$\quad k$——钢制轮与钢轨之间滚动摩擦力臂，当圆顶轨道车轮直径为 100～150mm 时，取 0.3mm，车轮直径为 200～300mm 时，取 0.4mm；

$\quad \mu_2$——车轮轴承摩擦系数，滑动开式轴承取 0.1，稀油润滑取 0.08，滚轮轴承取 0.015，滚柱轴承、圆锥滚子轴承取 0.02；

$\quad \zeta_1$——阻力系数，由小车制造安装精度、钢轨安装精度、牵引的不同步程度等因素确定，取 1.1～1.3；

$\quad r_1$——滚轮的外圆半径（mm）；

$\quad r$——轴的半径（mm）。

（5）空间网格结构在滑移施工前，应根据滑移方案对杆件内力、位移及支座反力进行验算。当采用多点牵引时，还应验算牵引不同步对结构内力的影响。

8.2.2.5　整体提升法

整体提升法是将整体结构在地面就地总拼装后，利用安装在柱顶的小型设备

（如升板机、液压滑模千斤顶等）将整体结构整体提升到设计标高以上，再就位固定。这种方法不需要大型吊装机具和安装工具简单，提升平稳，提升差异小，同步性好，劳动强度低，功效高，施工安全，但需较多提升机和支承钢柱、钢梁，准备工作大，其适用于跨度为 50～70m，高度 4m 以上，质量较大的大、中型周边支撑的网架。整体提升法的下部支承柱应进行稳定性验算。

8.2.2.6 整体顶升法

整体顶升法是将在地面拼装好的整体结构，利用建筑物承重柱作为顶升的支承结构，用千斤顶将整体结构顶升至设计标高。利用顶升法施工时，应尽可能将屋面结构（包括屋面板、天棚等）及通风、电气设备在顶升前全部安装在整体结构上，以减少高空作业量。

利用建筑物的承重柱作为顶升的支承结构时，一般应根据结构类型和施工条件，选择四肢式钢柱、四肢式劲性钢筋柱，或采用预制钢筋混凝土柱块逐段接高的分段钢筋混凝土柱。当整体结构支点很多或由于其他原因不宜利用承重柱作为顶升支承结构时，可在原有支点处或其附近设置临时顶升支架。临时顶升支架的位置和数量的确定，尽量不改变整体结构原有支撑状态和受力原则，否则应根据改变的情况验算结构的内力，并决定是否需要采取局部加固措施。

对顶升用的支承结构应进行稳定性验算，验算时除应考虑整体结构和支承结构的自重、与整体结构同时顶升的其他静载和施工荷载外，还应考虑上述荷载偏心和风荷载所产生的影响。如稳定不足时，应首先采取施工措施予以解决。如验算认为稳定性不足，则应首先从施工工艺方面采取措施，不得已时再考虑加大截面尺寸。

8.3 型材表面处理

铝材表面处理的目的是要满足防护性、装饰性和功能性的要求。防护性主要是保护金属，阳极氧化膜和涂覆有机聚合物涂层是常用的表面保护手段。装饰性主要从美观出发，提高材料的外观品质。功能性是赋予铝表面的某些化学或物理特性，如增加硬度、提高耐磨损性、电绝缘性等。在实际应用中，单独解决一方面的情况较少，往往需要综合兼顾考虑。铝合金型材的表面处理工艺也不是一个单一的处理过程，而是一个系统工程，包含了一系列工艺流程。

铝型材的表面处理方法有很多，如表面机械处理、表面化学处理、表面电化学处理、喷涂有机聚合物（物理处理）或其他物理方法处理。表面机械处理通常只是作为预处理手段，包括喷砂、喷丸、扫纹或抛光，表面化学处理，一般有化学预处理和化学转化处理。前者也不是最终表面处理措施，如脱脂、碱洗、酸洗、出光和化学抛光等，其使金属表面获得洁净、无氧化膜或光亮的表面状态，以保证和提高后续表面处理（如阳极氧化）的质量。化学转化处理，如铬化、磷铬化、无铬化学转化等，既可能是以后喷涂层的底层，也可以是一种最终表面处理手段。表面电化学处理中的阳极氧化技术应用非常广泛，是解决铝的保护、装饰和功能的重要方法。

喷涂有机聚合物涂层在建筑铝型材表面处理方面发展迅速。目前，广泛采用的有机聚合物是聚丙烯酸树脂（电泳涂层）、聚酯（粉末涂料）、聚偏二氟乙烯（氟碳涂料）等。聚酯粉末是静电粉末喷涂的主要成分，当前在铝型材上已经大量应用。聚丙烯酸树脂的水溶性涂料作为电泳涂层也已使用多年。氟碳涂料采用静电液体喷涂，现在被认为是耐候性最佳的涂层。

铝合金型材的合金牌号、供货状态及表面处理类别应符合表 8-5 的规定，表 8-5 中未列出的，应符合现行国家标准《一般工业用铝及铝合金挤压型材》GB/T 6892 的有关规定。

铝合金型材的合金牌号、供货状态及表面处理类别　　　表 8-5

牌号	供货状态	表面处理类别
6005A、6060、6061、6063、6082	T4、T5、T6	阳极氧化； 阳极氧化＋电泳涂漆； 粉末喷涂； 液体喷涂

注：1. 型材的供货状态应符合现行国家标准《变形铝及铝合金产品状态代号》GB/T 16475 的有关规定。
　　2. 各类表面处理的膜层代号应符合现行国家标准《一般工业用铝及铝合金挤压型材》GB/T 6892 的有关规定。

8.3.1　阳极氧化

8.3.1.1　阳极氧化原理

阳极氧化又称电解阳极氧化，以铝和铝制品为阳极置于电解质溶液中，利用电解作用，使其表面形成氧化膜的过程，是一种通过电解化学的工艺提高铝材表面自然保护膜的厚度和坚固性的加工方法，如图 8-20 所示。

氧化膜的形成包括膜的电化学生产过程和膜的化学溶解过程，两者缺一不可，且膜的生成速度恒大于溶解速度，才能获得较厚的氧化膜。通过降低膜的溶解速度，可以提高膜的致密度，氧化膜的性能是由膜孔的致密度决定的。操作时要求控制好氧化的温度、电流密度、时间，以生成优质的氧化膜。氧化膜特点如下：

（1）硬度较高。纯铝氧化膜的硬度比铝合金氧化膜的硬度高，通常它的硬度大小与铝的合金成分、阳极氧化时电解液的工艺条件有关。阳极氧化膜不仅硬度较高，而且有较好的耐磨性。尤其是表面层多孔的氧化膜具有吸附润滑剂的能力，还可进一步改善表面的耐磨性。

（2）有较高的耐蚀性。阳极氧化膜有较高的化学稳定性，经测试，纯铝的阳极氧化膜比铝合金的阳极氧化膜耐蚀性好。这是由于铝合金成分夹杂或形成金属化合物不能被氧化或被溶解，而使氧化膜不连续或产生空隙，从而使氧化膜的耐蚀性大为降低。所以，一般经阳极氧化后所得的膜必须进行封闭处理。

（3）有较好的吸附能力。铝及铝合金的阳极氧化膜为多孔结构，具有很强的吸附能力，所以给孔内填充各种颜料、润滑剂、树脂等可进一步提高制品的防护、绝缘、耐磨和装饰性能。

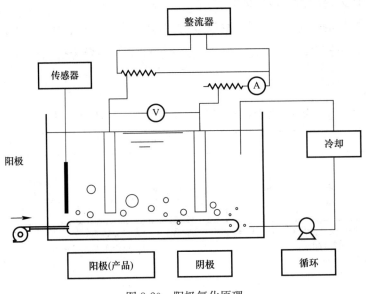

图 8-20 阳极氧化原理

氧化膜的厚度应符合设计文件和现行国家标准《铝合金建筑型材 第 2 部分：阳极氧化型材》GB/T 5237.2 及《铝合金结构设计规范》GB 50429 的有关规定，并应符合表 8-6 的要求。

氧化膜厚度级别（μm）   表 8-6

级别	最小平均厚度	最小局部厚度
AA10	10	8
AA15	15	12
AA20	20	16
AA25	25	20

8.3.1.2 阳极氧化工艺

铝合金挤压材阳极氧化生产工艺的差别主要表现在表面预处理上，其工艺流程为：装料→表面预处理→阳极氧化→两次水洗→着色→两次水洗→封孔→卸料。

1. 表面预处理

铝合金挤压材在生产过程中表面黏附的油脂、污染物和天然氧化物，在阳极氧化之前必须清理干净，使其露出洁净的铝基体。传统的化学预处理工艺流程为：脱脂→水洗→碱洗→两次水洗→中和→水洗。在静电喷涂和氟碳喷涂前还应进行铬化处理或其他方式的预处理过程。

（1）脱脂

除了经过化学或电解抛光的挤压材外，阳极氧化过程中脱脂是必不可少的，如果没有脱脂或脱脂不够，碱洗后会出现斑状腐蚀而造成废品。

（2）碱蚀

碱蚀是除掉铝型材表面的自然氧化膜和污物，还可进一步腐蚀出均匀的砂面，在操作时控制好碱蚀的温度和时间。

（3）中和

中和的目的是除掉铝型材碱洗后残留在表面的黑灰和污物，操作时要控制好中和时间，以刚好洗净表面灰污为宜。

2. 着色

铝合金挤压材的着色方法有两种：电解着色、化学染色。在电解着色过程中，电化学还原生成的金属（或氧化物）微粒沉积在氧化膜微孔的底部，颜色并不是沉积物的颜色，而是沉积的微粒对入射光散射的结果。化学染色是无机或有机染料吸附在氧化膜微孔的顶部，颜色就是染料本身的颜色。电解着色成本低，而且具有很好的耐候性等使用性能，化学染色的色彩丰富，但室外使用容易变色。

3. 水洗

将化学药液清洗干净，防止将前道工序黏附在型材表面的化学药品带入下道工序。水洗要充分，将型材表面的化学药品清洗干净才能转入下道工序。

4. 封孔

铝合金阳极氧化膜呈多孔层结构，有较强的吸附能力和化学活性，尤其处在腐蚀性环境中，腐蚀介质容易渗透膜孔引起基体腐蚀。因此，经阳极氧化后的皮膜不管着色与否，均需经过封闭处理，以提高氧化膜的抗蚀、绝缘和耐磨等性能，并减弱它对杂质或油污的吸附，从而提高阳极氧化铝型材的耐腐蚀性。

氧化膜封闭的方法很多，有热水封闭法、蒸汽封闭法、盐溶液封闭法和有机涂层封闭法等。

8.3.2 氟碳喷涂

氟碳喷涂是静电喷涂的一种，通过静电作用在铝合金基体表面喷上聚偏二氟乙烯漆涂层，氟碳键是已知最强的分子键之一。氟碳涂料具有持久的保色度、抗腐蚀、抗老化、抗大气污染等特性。

近年来，国内将氟碳喷涂大面积用于铝板幕墙，由于具有优异的特点，其越来越受到建筑业及用户的重视和青睐。氟碳喷涂具有优异的抗褪色性、抗起霜性、抗大气污染（酸雨等）的腐蚀性，且其抗紫外线能力和抗裂性强，还能够承受恶劣天气、环境的影响，具有一般涂料不具备的优异性能。

氟碳喷涂工艺根据用途可以分为二涂系统、增加罩面清漆的三涂系统或四涂系统。二次喷涂包含底漆、面漆两道工艺流程。三涂、四涂系统中由于罩面清漆 KYNAR500R 树脂相对含量高，可以进一步提高整个涂层的耐候性、耐摩擦性和耐污染性。

前处理流程为：铝材的去油去污→水洗→碱洗（脱脂）→水洗→酸洗→水洗→铬化→水洗→纯水洗。

喷涂流程为：喷底漆→面漆→罩光漆→烘烤（180～250℃）→质检。

流程如图 8-21 所示。

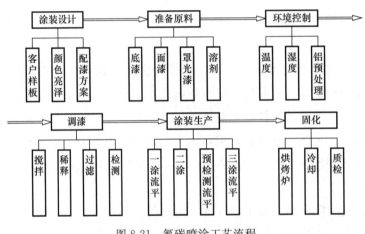

图 8-21　氟碳喷涂工艺流程

（1）二涂一烤。底漆→面漆→固化。一般不含金属闪光粉的氟碳涂料，且无其他特殊要求的，均采用底漆、面漆二涂一烤工艺。

（2）三涂一烤。底漆→面漆→罩面漆→固化。金属闪光氟碳涂料所含的金属闪光粉易受外界空气的氧化，为防止其氧化、变色，通常采用氟碳清漆罩光。

（3）四涂二烤。底漆→隔离阻挡漆→固化→面漆→罩面漆→固化。一般涂装厂的生产线为二涂一烤或三涂一烤，但对于颜色有特殊要求的氟碳涂料，在底漆与面漆之间增加一道隔离漆，以确保面漆有良好的遮盖力，满足无色差的要求。

铝合金空间网格结构氟碳喷涂涂层应平滑、均匀，不应有皱纹、流痕、鼓泡、裂纹、发黏等缺陷。氟碳喷涂漆膜硬度、耐冲击性、附着力、压痕硬度、光泽和漆膜的颜色及色差等应符合设计文件和现行国家标准《铝合金建筑型材 第5部分：喷漆型材》GB/T 5237.5 的有关规定。氟碳喷涂的漆膜厚度应符合表 8-7 的规定。

氟碳喷涂的漆膜厚度（μm）   表 8-7

涂层种类	平均漆膜厚度	最小局部漆膜厚度
二涂	≥30	≥25
三涂	≥40	≥34
四涂	≥65	≥55

8.3.3 电泳涂漆

电泳涂漆也可以视为一种有机聚合物封孔，电泳原理类似于电镀。它是将阳极氧化的铝材放在水溶性丙烯酸漆的电泳槽中，铝材作为阳极，在直流电压 90～150V 下电泳，通过电泳、电解、电沉积和电渗透四个工序互相作用后在铝型材表层沉积一层不溶性漆膜，再在 170～200℃下高温烘烤固化。

电泳涂漆与常规涂装工艺一样，在涂装前必须对被涂构件进行表面预处理，以除去表面油污，并形成致密的转化膜以提高涂层的防腐蚀性和结合力，然后进行电泳涂装，在构件表面沉积一层均匀的无缺陷的电泳涂层，经烘烤即可完成电泳涂装过程。在铝合金材料表面的阳极电泳涂装中，其表面预处理一般采用阳极氧化。

电泳涂漆后的漆膜应均匀、整洁，不应有皱纹、裂纹、气泡、流痕、夹杂物、发黏和漆膜脱落等缺陷，电泳涂漆复合膜厚度应符合表 8-8 的规定。

电泳涂漆复合膜厚度（μm）   表 8-8

膜厚级别	阳极氧化膜局部膜厚	漆膜局部膜厚	复合膜局部膜厚
A	≥9	≥12	≥21
B	≥9	≥7	≥16
S	≥6	≥15	≥21

8.3.4 粉末喷涂

粉末喷涂即静电粉末喷涂，靠静电粉末喷枪喷出来的涂料，在分散的同时使粉末粒子带负电荷，在静电吸引的作用下，被吸附到带正电荷的工件上，再加热熔融固化成膜。为了获得性能优良的涂层，在喷涂前必须对被涂构件表面进行预处理，使之生成一层耐蚀且与粉末涂层结合力良好的化学转化膜，然后再进行粉末喷涂。粉末喷涂工艺流程如图 8-22 所示。

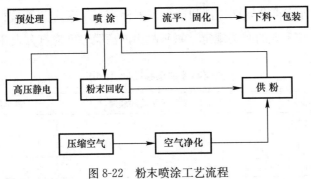

图 8-22　粉末喷涂工艺流程

【习题】

8-1 简述铝合金型材的加工工艺流程。

8-2 铝合金构件挤压的工艺参数主要包括哪些？

8-3 相比于传统紧固件如螺栓或普通铆钉，环槽铆钉装配式安装有何优点？

8-4 简述大跨度铝合金结构常用安装方法及适用范围。

8-5 简述铝型材表面处理方法以及原理。

第 **9** 章

国内典型铝合金空间网格结构工程实例

【知识点】 国内典型铝合金空间网格结构的工程实例及其结构形式。

【重点】 国内典型铝合金空间网格结构的工程实例及其结构形式。

【难点】 国内典型铝合金空间网格结构的工程实例及其结构形式。

9.1　天津市平津战役纪念馆

平津战役纪念馆，位于天津市红桥区，是一座全面介绍平津战役的现代化展馆。该工程由天津市建筑设计研究院负责设计，天津七建建筑工程有限公司施工，工程于 1996 年 1 月开工，1996 年底土建完工，1997 年 4 月进行布展，1997 年 8 月 1 日时任中央军委副主席张万年同志剪彩开馆，聂荣臻元帅为纪念馆题写馆名。

天津市平津战役纪念馆，是国内首个大跨度铝合金三角形网格单层网壳结构，杆件通过板式节点连接，如图 9-1 所示。结构底平面直径 45.6m，矢高 33.83m，最大球面直径 48.945m，网壳重 34.4t，连同铝合金屋面板总重 58.7t。

图 9-1　平津战役纪念馆铝合金网壳结构

9.2　上海国际体操中心

上海国际体操中心坐落在上海市长宁区，于 1997 年建成。如图 9-2 所示，其建筑外形呈扁球体，球体外立面镶以亚光银灰铝合金板，再配以蓝色环形窗带，与建筑物融为一体，表现"玉盘托明珠"之意，与东方明珠东西呼应。

上海国际体操中心主馆，其结构形式为单层扁球面网壳，网格划分形式为联方型。扁球体高 26.5m，最宽处直径约 77.3m，坐落于离地 5.2m 高、面积 8770m^2 的大平台上。该扁球体由铝合金穹顶屋盖和双曲面墙身组成，二者互不相关，穹顶平面直径 68m，曲率半径 55.37m，冠高 11.88m，穹顶高跨比 0.175，支承在 24 根直径 1m 的钢筋混凝土柱子上。穹顶共有十二圈，每一圈内的斜向杆件及环向杆件尺寸分别相等。铝合金穹顶的结构型材采用 6061-T6 铝合金，节点采用板式节点。

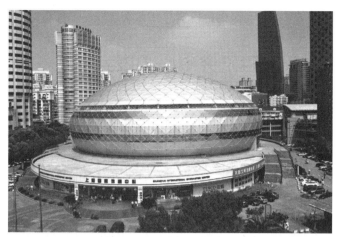

图 9-2　上海国际体操中心

9.3　上海浦东游泳馆

上海浦东游泳馆（图 9-3）位于上海市浦东新区浦东南路东方路口，建筑面积约 2.2 万 m^2，总高度 29.88m，是上海市的一个大型游泳场所和水上运动训练基地。该工程由上海建筑设计研究院浦东分院设计，建于 1997 年 9 月。除水上运动外，浦东游泳馆还设置有提供乒乓球、羽毛球、网球、篮球、舞蹈、健美操等运动训练的场地。

图 9-3　上海浦东游泳馆

游泳馆屋面呈贝壳流线型，整个网壳按结构形式分为两大块，左半部分为单层柱面网壳，投影面积约 1100m^2，屋面铺设 3003-H16 铝合金板，不设保温层。右半部分为双层柱面网壳，矢高 2.4m，曲率半径 100m，南北方向尺寸为 54.0～58.0m，最大高差为 13.929m，东西向长度为 77.4m（一边带圆弧形），投影面积约 4350m^2，标准单元体形状为正放四角锥，锥边长为 2.65m，上、下弦均为工字形杆件，材料采用 6061-T6 铝合金，由圆柱形腹杆连接成整体，单元体之间通过板式节点相连接，屋顶铝合金板下设有保温层。铝合金屋面总质量约120t。

9.4　北京航天实验研究中心零磁实验室

北京航天实验研究中心零磁实验室由中国建筑科学研究院承建，于1998年建成，为长度30m、跨度22m、地面以上高度13m的矩形空间。巨型磁力线圈被放置在实验室的地下部分，用于模拟地球磁场乃至星球磁场对航天器在发射过程中及太空飞行时的影响。零磁实验室需采用无磁材料，而铝材料具有无磁的特点，因此采用全铝空间结构建造。

北京航天实验研究中心零磁实验室是国内首次设计建造的全铝螺栓球节点网架结构，展开面积约1858m²，标准单元体形状为正放四角锥，材料采用6061-T6铝合金。节点采用4种规格的螺栓球节点，共计921个；采用两种规格的3603根铝合金圆管。杆件与封板的连接为焊接。限于早期研究工作的局限，铝合金网架杆件即使经高水平焊接处理，其极限抗拉强度损失仍高达30%～40%，焊口处外观也较差。为重新获得较高的强度和理想的外观，对焊接成形后的铝合金网架杆件重新进行热处理与表面处理。网架结构构件材料用铝量为8.56kg/m²（按展开面积计算）。

9.5　南京国际展览中心南广场弧形玻璃幕墙

南京国际展览中心（图9-4）坐落于玄武湖、紫金山麓，具有造型优美、设施现代、体量宏伟、功能完备等特点，是古都南京的一项标志性建筑。占地12.6万m²，总建筑面积10.8万m²。

图9-4　南京国际展览中心（南广场视角）

南京国际展览中心的南广场弧形玻璃幕墙于2000年竣工，采用铝合金网架结构，结构体系为四角锥体系网架，标准单元体形状为正放四角锥，网架的长度为 38m、高度为 14.5m、厚度为 1.0m，展开面积为 588.5m²，材料采用 6061-T6 铝合金。网架两端分别挑出 4.5m 和 2.325m，由上、下两排各 5 个支座支承。各支座点与主体结构通过钢结构相连。网架节点采用螺栓球节点，与钢结构连接的球节点由于杆件之间的夹角很小，球直径很大，为避免发生电化学腐蚀，支座节点采用不锈钢球节点。

9.6　上海科技馆

上海科技馆位于上海市浦东新区花木行政文化中心区。主馆占地面积 6.8 万多平方米，建筑面积 9.8 万 m²，于 1998 年 12 月动工，2001 年 3 月底基本建成。

科技馆中部大堂巨型椭球体（图 9-5）采用 6061-T6 铝合金建造，结构形式为单层网壳，长轴 67m，短轴 51m，高 41.6m。网格划分形式为三向网格，考虑到建筑效果，采用横向划分。网壳结构的杆件截面呈 H 形，共三种截面尺寸，截面高度均为 254mm，共 3300 余根。网壳结构的节点采用板式节点，圆形节点板厚 9.5mm、直径 450mm。

图 9-5　上海科技馆巨型椭球体

9.7　上海植物园展览温室

上海植物园位于上海市徐汇区西南部，上海植物园展览温室是植物园内的标志性建筑，于 2001 年建成，位于盆景园东侧，草药园西侧，为大空间多斜面的塔形建筑，高 32m，建筑面积 5000m²，有效展示面积 4000m²。

上海植物园是国内选用新材料自主设计施工的建筑，温室内的植物从热带地区移植而来，需要室内常年保持高温高湿，并保证拥有足够的自然采光面，因此本工程屋盖的结构形式采用四块斜放的双向正交的铝合金网架结构。网架斜放角度，与水平面夹角分别为23°、43°，平面尺寸81m×66m，主屋面桁架最大跨度24m，网架层高2m，基本网格尺寸为3m×6m。网架弦杆截面呈H形，受力较大，采用6061-T6铝合金，腹杆为管形截面，内力较小，采用5083-H321铝合金。节点采用螺栓连接与焊接连接的混合连接，腹杆与端板焊接，端板与弦杆及其连接板在节点处采用镀铬摩擦型高强度螺栓连接。

9.8 长沙经济技术开发区人才交流服务中心

长沙经济技术开发区人才交流服务中心位于湖南省长沙市国开区星沙经济开发区，项目于2005年建成（图9-6）。

图9-6 长沙经济技术开发区人才交流服务中心

结构形式为铝合金单层球面网壳，球直径为42m，矢高为23m，球体中心标高7m。网格划分形式为三向网格型。结构采用H形截面杆件，材料采用6061-T6铝合金，构件外表面以金属阳极氧化的方式进行处理。构件排列所成的三角形空间网格采用LOW-E中空夹胶玻璃加以闭合作为围护结构，采用板式节点连接，螺栓采用不锈钢材质。钢筋混凝土基础与铝合金结构间采用不锈钢件进行隔离。

9.9 义乌游泳馆

义乌游泳馆位于浙江省义乌市会展体育中心基地的东侧，于2008年竣工，建筑由游泳比赛池、跳水池、训练池和戏水池几部分组成，为甲级体育建筑。游泳馆长约 130m，宽约 110m，屋盖处最高 25.8m。

义乌游泳馆为我国首次将倒置式大跨度铝合金屋盖进行应用的建筑结构，结构形式为下凹的球面网壳，如图 9-7 所示。网壳直径 110m、网壳矢高 10m，采用材质 6061-T6 的铝合金材料。屋盖设置为斜放的"锅"形，以充分利用结构在正常使用状态下杆件受拉的特性，将受压穹顶变为类似"张力结构"。上下弦采用宽翼缘 H 形截面，截面最大高度为 406mm，腹杆采用圆管。节点采用板式节点。

图 9-7　义乌游泳馆

9.10　中国现代五项赛事中心游泳击剑馆

中国现代五项赛事中心游泳击剑馆（图 9-8）是为 2010 年在成都举办国际现代五项世界锦标赛新建的专用场馆，由上海通正铝结构公司提供全套技术与产品并完成安装。该馆可容纳观众约 3000 人，建筑面积约 24400m²，结构高度 34.7m，跨度 110m。

图 9-8　中国现代五项赛事中心游泳击剑馆

击剑馆屋盖采用铝合金单层网壳结构（图9-9、图9-10）。屋盖平面形状近似为三角形，边长约125m，网壳网格的划分形式为三向网格型，网格为正面正三角形，边长约2.8m。屋盖支承于下部钢筋混凝土环梁及游泳击剑馆入口处钢结构网状支承柱上。环梁支座范围内网壳最大跨度约为90m，矢高约为8.5m，矢跨比约1:10。网壳构件截面为H形，截面最大高度为450mm，采用6061-T6铝合金材料。节点采用板式节点。

图9-9　中国现代五项赛事中心游泳击剑馆单层网壳结构

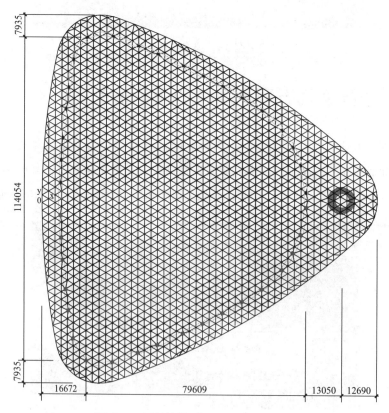

图9-10　屋盖结构平面图（单位：mm）

186

9.11　青羊非物质文化遗址世纪塔

该项目位于成都市青羊区，为铝合金塔桅结构，由上海通正铝结构公司提供全套技术与产品并完成安装，实景见图 9-11。

图 9-11　青羊非物质文化遗址世纪塔实景图

工程建成后成为世界非物质文化遗产主题公园的象征及视觉焦点，整个塔身曲线柔美流畅，总高度为 59.4m，塔身上、下口椭圆长短轴分别为 6.5m、17m，塔身展开面积约 $4200m^2$。该项目铝合金结构突破了常规的三向网格，采用了近似菱形的四边形网格，整个结构形成了上下顺滑的曲线。此外，首次在铝合金结构体系中采用了蝴蝶结形铝合金节点板，既方便了 H 形铝合金杆件之间的连接，又保证了结构外观的美观性。

9.12　上海辰山植物园温室

上海辰山植物园位于上海市松花区，由上海市政府与中国科学院以及国家林业局、中国林业科学研究院共同建造，是一座集科研、科普和观赏游览于一体的综合性植物园，于 2011 年 1 月 23 日对外开放。

上海辰山植物园由 A、B、C 三个椭球体异形空间曲面温室建筑组成，如图 9-12所示。建筑整体为三向网格划分的铝合金弧形单层网壳结构及玻璃面板的组合，三个温室建筑高度分别为：21.41m、19.65m、16.92m；投影面积约为 $5554m^2$、

$4525m^2$、$2796m^2$，温室 A 南北向长轴约 203m，东西向短轴约 33m，温室 B 长轴约 128m，短轴约 39m，温室 C 长轴约 110m，短轴约 33m。各区跨度均较大，该跨度的铝合金网壳结构，在当时国内乃至国际类似建筑中的应用尚属首次。

图 9-12　上海辰山植物园

网壳结构杆件截面为 H 形，截面高度为 300mm，材料选用 6061-T6 铝合金，铝合金杆件与带弧面的圆形铝合金连接板拉结形成板式节点；节点板采用不少于 8mm 厚度的 6061-T6 铝合金板。

9.13　苏州大阳山展览温室

苏州大阳山展览温室位于江苏省苏州市虎丘区，总建筑面积 $11402m^2$，包含沙漠馆（A 馆）和热带雨林馆（B 馆），两馆均为椭球体铝合金空间网格结构，由上海通正铝结构公司提供全套技术与产品并完成安装。该项目为苏州大阳山国家森林公园提供植物培育、展示和研究的良好温室环境，展览馆的实景如图 9-13 所示。其中沙漠馆平面投影为椭圆形，椭圆长轴、短轴分别为 98m、66.5m，投影面积为 $4994m^2$，建筑最大高度为 32.2m。热带雨林馆（B 馆）平面投影也为椭圆形，椭圆长轴、短轴分别为 79.5m、59.5m，投影面积为 $3715m^2$，建筑最大高度为 27.2m。两个场馆均采用单层铝合金网壳结构及板式节点系统，铝合金材料的牌号为 6061-T6，主要杆件截面形式为 H350×140×8×10，屋面覆盖材料为玻璃。该工程为江苏省第一个铝合金温室展览馆，具有绿色、环保、节能的功能，且具有免维护特性，节约了后期主体结构防腐方面的维护成本，创造了较好的经济价值。

图 9-13　苏州大阳山展览温室

9.14　虹桥商务区能源中心

虹桥商务区能源中心位于上海市虹桥枢纽，是虹桥商务区首个以天然气为一次能源、分布式供能的区域集中供能系统。能源中心采用铝合金结构作为屋面构架，无屋面围护系统，上海通正铝结构公司全程参与产品研发、制造及建造。本工程采用自由曲面单层网壳结构，屋面轮廓顺应地势曲线，呈现出铝合金屋面与环境相融洽的景象。铝合金材料的牌号为 6061-T6，主要杆件截面为 H250×125×5×9，采用板式节点体系，建成后效果见图 9-14。

图 9-14　虹桥商务区能源中心屋面铝合金结构

9.15　武汉体育学院综合体育馆

武汉体育学院综合体育馆（图 9-15），由上海通正铝结构公司承建、提供全套技术与产品并完成安装，南北长约 78m，东西长约 90m，高为 23.5m，设有一个单层的地下室，总建筑面积为 13500m²。开工时间为 2010 年 4 月，竣工时间为 2011 年 7 月。

根据建筑要求与功能需求，结合结构受力特点，屋盖采用铝合金单层球面网壳结构，平面形状近似为正方形，边长约 75m，跨度 62m，矢跨比为 0.123。网壳网格划分形式采用凯威特型（K6）。屋盖最大挑出距离约 6.45m，支撑于看台后排的环梁和体育馆外四角的混凝土斜柱上。网壳构件截面为 H 形，共三种截面形式，截面高度均为 350mm，采用 6061-T6 铝合金材料，节点采用板式节点，支座采用钢管立柱，焊接于柱和环梁的预埋钢板上。

(a) 外景

(b) 内景

图 9-15　武汉体育学院综合体育馆

9.16　开滦集团曹妃甸数字化煤炭仓储基地

　　曹妃甸数字化煤炭仓储基地位于河北省唐山市，主要功能为原煤储存仓库，共计4个，如图9-16所示。每个仓库的整体高度为66m，上部铝网壳外形为一近似半球形，外覆铝制盖板，仓体采用全铝合金材质。

　　储煤仓上部结构形式为单层球面网壳，网壳直径为125m，矢高44.5m，上部网壳环向支承于高21.5m的混凝土挡墙上。网格划分采用凯威特(K6)-联方型，网壳杆件采用H形杆件，截面高度为300mm，铝合金材质为6061-T6，节点类型为板式节点。由于储煤仓的功能需求，需要在穹顶部分区域开孔作为输煤皮带栈桥通道。为保证洞口处结构的稳定性，对洞口周边及最下部两圈杆件位置通过叠加杆件进行了补强处理，杆件之间通过不锈钢螺栓进行连接。

图9-16　曹妃甸数字化煤炭仓储基地

9.17　"FAST"500m口径球面射电望远镜

　　500m口径球面射电望远镜（图9-17），简称FAST，位于贵州省黔南布依族苗族自治州平塘县克度镇大窝凼的喀斯特洼坑中，该工程为国家重大科技基础设施，由我国天文学家南仁东于1994年提出构想，历时22年建成，于2016年9月25日落成启用，是由中国科学院国家天文台主导建设，具有我国自主知识产权、世界最大单口径、最灵敏的射电望远镜。综合性能是著名的射电望远镜阿雷西博的10倍。

图 9-17　500m 口径球面射电望远镜

FAST 由主动反射面系统、馈源支撑系统、测量与控制系统、接收机与终端系统四大部分构成，其中主动反射面是一个口径 500m、半径 300m 的球冠，由主体支承结构、促动器、背架结构和反射面板四部分组成。如图 9-18 所示，反射面主体支承结构包括格构柱、圈梁和索网。圈梁支承在 50 根格构柱上，用于支承索网。索网作为背架结构和反射面板的支承结构，包括主索网和下拉索，每个主索节点设一根径向下拉索，下端与促动器连接，通过促动器的主动控制在观测方向形成 300m 口径瞬时抛物面以汇聚电磁波，且抛物面可在 500m 口径球面上连续变位，实现跟踪观测。

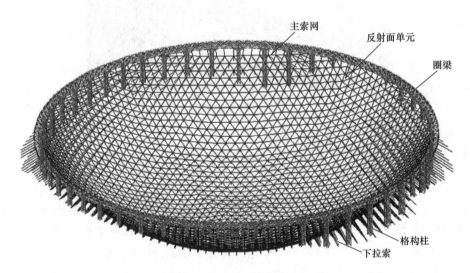

图 9-18　反射面主体支承结构

反射面的背架结构体系为三角锥体系铝合金网架，公称面积为 $52.4m^2$，每个单元的边长在 11m 左右，简支于主索网节点上。反射面基本类型为三角形单元，由背架单元、面板单元、调整装置等组成，如图 9-19 所示。反射面单元类型共 341 种，共计 4450 个反射面单元，杆件共约 551992 根，材料采用 6061-T6 铝合金，为铝合金圆管；反射面板为穿孔铝板，支承于铝合金网架杆件上；节点形式为铝合金螺栓球节点，采用 2A12-T42 铝合金，螺栓球为椭球形。

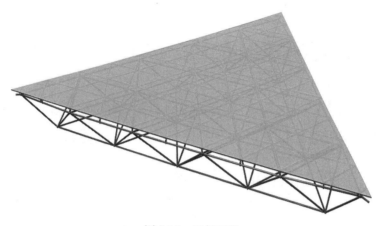

图 9-19　反射面板

9.18　南京牛首山文化旅游区佛顶宫

南京牛首山文化旅游区佛顶宫项目位于江苏省南京市牛首山东西两峰因挖矿所形成的矿坑内，佛顶宫作为牛首山文化旅游区的核心建筑，为佛祖释迦牟尼顶骨舍利日常供奉之地，同时兼具文化、旅游、商业、宗教等多重功能及属性，由上海通正铝结构公司提供全套技术与产品并完成安装。该项目建成于 2016 年，包括大穹顶及小穹顶两个单体，如图 9-20 所示。佛顶宫项目以充分尊重场地环境为核心思想，以创造富有禅意的室内空间为核心手段，以富有序列感的流线加以丰富，以"补天阙、修莲道、藏地宫"为核心概念。为充分契合矿坑地形，采用了"婆罗双树，云锦袈裟"覆盖的"莲花宝盒"概念，以"莲花托盏，上置佛宝，袈裟护持"构建佛顶宫的整体形态。其中小穹顶下部为莲花宝座造型，上部为摩尼宝珠造型，上下结合形成"莲花托珍宝"的神圣意象。铝合金材料因其耐腐蚀性能好、轻质高强、终身免维护、建筑表现张力强等突出特点而作为佛顶宫大、小穹顶的主体结构。

大穹顶采用铝合金单层网壳结构，建筑外形上以自然的弧度曲线贴合山体的走势，将西峰因采矿以及后期塌方等因素缺失的山体轮廓修补完整。大穹顶西侧倚靠西峰，南北搭接山体，东侧悬挑开敞，形成一个南北向长度约 200m、东西向长度约 130m、覆盖面积约 2 万 m^2、最高处距禅境广场地面约 52m 的超大尺寸广场空间。

从设计含义上而言，大穹顶下部的双柱呈现自然生长的舒展形象，寓意娑罗双树，在佛教中象征着佛祖的涅槃与圆满。大穹顶主要特点为覆盖面积大、跨度大、悬挑大，屋面呈自由曲面，最大长度、宽度分别约为 250.4m、111.8m，最大高度约为 56.83m。大穹顶网壳通过两大、两小四个树状柱和沿山体的 24 个支座支承，如图 9-21 所示，树状柱顶端与铝合金网壳杆件铰接。

图 9-20　牛首山文化旅游区佛顶宫

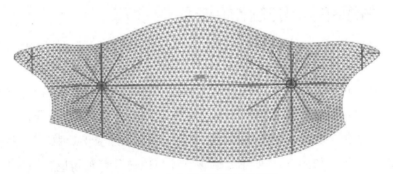

图 9-21　大穹顶支座及网格划分

小穹顶采用铝合金单层椭球面网壳结构，如图 9-22 所示。小穹顶长轴为 147m，短轴为 97.4m，矢高为 36.30m，总覆盖面积为 11245m^2，展开面积约为 16305m^2。网格划分形式采用联方型与凯威特型相结合的方式，网格边长约为 3.0m。主要杆件截面为 H 形，最大截面高度为 450mm，节点采用板式节点。为实现佛顶宫万佛朝宗的壮观景象，整个小穹顶外安装了 5400 个由七块不同尺寸的铝板或玻璃板拼装而成的七面体装饰单元，单元底部采用螺栓直接固定于铝合金杆件上表面预留的槽口内，其一体化体系保持了建筑与结构的一致性，保证了建筑造型的精致表达。通过精准的制作、精确的安装，小穹顶椭圆形的外观与璀璨的光泽如同宝珠，就像一颗光彩夺目的珍珠，高度契合设计意象。

图 9-22　小穹顶

9.19　南昌综合保税区主卡口

南昌综合保税区主卡口项目位于江西省南昌市临空经济区内，设于保税区市政道路上，主卡口设有四个货物通道，由上海通正铝结构公司提供全套技术与产品并完成安装。卡口系统建筑面积为 $1136m^2$，在建筑外形上，以自然的弧度曲线塑造出类似展翅飞翔的海鸥形态。整个屋面骨架为不规则的双曲面单层网壳，屋面围护系统采用一体化玻璃围护体系，如图 9-23 所示。该工程为满足建筑造型以及使用空间的要求，选用铝合金单层网壳结构，铝合金材料的牌号为 6061-T6，杆件之间通过板式节点进行连接。屋盖平面投影为直径 60m、角度 180°的扇形，最大高度为 11m，该网壳支撑在两个格构钢柱及一片弧形落地混凝土墙上，格构钢柱顶部设 6 根预应力拉杆，由柱顶拉结到网壳顶面，为国内首次运用铝合金-预应力拉索组合结构体系。

图 9-23　南昌综合保税区主卡口

9.20 崇明体育训练基地综合训练馆与游泳训练馆

崇明体育训练基地项目位于上海市崇明县陈家镇，为国际先进、国内一流、高科技、多功能的现代化国家级体育训练基地，其中综合训练馆与游泳训练馆的屋盖工程都采用了铝合金单层网壳结构，由上海通正铝结构公司提供全套技术与产品并完成安装。杆件之间通过板式节点系统连接，铝合金材料的牌号为6061-T6，围护系统采用的是一体化铝板屋面系统，建成后的效果如图9-24所示。

图9-24 崇明体育训练基地综合训练馆与游泳训练馆

综合训练馆屋盖是投影为矩形的球壳结构，平面尺寸为45m×48m，矢高为5m。游泳训练馆屋盖是投影为矩形的柱面网壳结构，平面尺寸为36m×45m，矢高为4.05m。围护系统采用一体化铝板屋面系统，集成了主体结构、外装饰幕墙、防水、内装饰等功能，无需檩条等次结构，占用空间少，可使建筑净空间最大化，如图9-25所示。

图9-25 崇明体育训练基地综合训练馆内景

9.21 郫县体育中心

郫县体育中心位于成都市郫县，功能定位为举办大型赛事活动和演艺活动及全民健身活动并兼具大型避难应急场所的场馆。屋盖结构选用铝合金单层网壳结构，由上海通正铝结构公司提供全套技术与产品并完成安装，材料为铝合金 6061-T6，展开面积 16517.2m²，围护系统采用一体化铝板系统，建成后的效果如图 9-26 所示。工程总长约 192.45m，呈豆瓣形，屋面网格边长约为 2.6～4.0m，最大跨度为 65.5m，矢高约为 8.5m。

图 9-26　郫县体育中心图

9.22　北京大兴国际机场

北京大兴国际机场（图 9-27），位于北京市大兴区和河北省廊坊市交界处，为 4F 级国际机场、大型国际枢纽机场。截至 2019 年 9 月，北京大兴国际机场有一座航站楼，面积达 70 万 m²；有四条跑道，东一、北一和西一跑道宽 60m，长分别为 3400m、3800m 和 3800m，西二跑道长 3800m，宽 45m；机位共 268 个，可满足旅客吞吐量 7200 万人次、货邮吞吐量 200 万 t、飞机起降量 62 万架次的需求。

图 9-27　北京大兴国际机场

北京大兴国际机场的采光顶系统总面积达到了 47000m²，如何处理好遮阳问题，是保证室内舒适度的重要因素。采光顶的遮阳设计源自以下出发点：可操作性、维护性、保证更多的光线进入，减少直射阳光进入。于是选择在采光顶玻璃中空层内置金属板网的遮阳方案。遮阳网随玻璃加工安装，不会对施工现场造成压力；同时遮阳网置于玻璃中空层内，终身无需清洁和维护。8 个采光顶均为铝合金单层球面网壳，由上海通正铝结构公司提供全套技术与产品并完成安装。杆件通过板式节点连接，铝合金材料牌号为 6082-T6，网壳构件截面为 H 形，截面高度为 250mm，建成后其中一个采光顶的效果如图 9-28 所示。采光顶结构覆盖于 C 形柱上部的敞口上，网格划分形式为三向网格型。根据平面尺寸的不同将 8 个采光顶分为 C1 型和 C2 型两类，二者平面投影均为椭圆形。其中，6 个 C1 型采光顶椭圆长轴、短轴分别 36.98m、27.82m，矢高约为 3.1m；2 个 C2 型采光顶椭圆长轴、短轴分别为 52.28m、27.33m，矢高约为 6.7m。

图 9-28　北京大兴国际机场单层铝合金网壳

9.23　海花岛植物奇珍馆

本项目位于海花岛 1 号岛 E 区植物园内，分为三个主题展示区（国花馆、珍稀多肉植物馆、香草植物区），建筑面积约 4500m²。整个展馆屋盖呈现波浪造型，带状玻璃屋顶与立面玻璃幕墙结合，建筑效果通透。本工程采用铝合金单层网壳结构，由上海通正铝结构公司提供全套技术与产品并完成安装。屋盖结构外轮廓投影为不规则矩形，最大长度约为 117m，宽度约为 38.8m，最高点标高为 20.8m，屋盖四周及波谷位置布置的支承立柱作为主要的竖向传力构件与抗侧构件，柱距平均为 6m，建成后的效果如图 9-29 所示。

图 9-29　建筑完成图

9.24　上海天文馆

上海天文馆（上海科技馆分馆）项目位于上海市浦东新区的临港新城，工程于2019年9月全面完成，总用地面积5.86ha。项目总建筑面积约38162.57m²，主体建筑面积35369.85m²，地面以上3层，地下1层，总高度23.95m。

天文馆主体建筑采用倒置穹顶，如图9-30所示，其结构形式为铝合金单层网壳结构，直径约42m，矢高20m。底部距离穹顶边缘5.55m处为钢结构上人平台，在该上人平台中心处有直径3.4m的圆形采光顶；网壳支承于下部钢筋混凝土环梁上，通过钢短柱连接。铝合金网壳采用三角形网格，网格边长2～3m。杆件截面为H形，材料为6061-T6铝合金，截面高度为300mm。在洞口周边采用H形截面钢构件进行加强，铝合金杆件之间采用板式节点进行连接。

图 9-30　上海天文馆倒置穹顶结构

9.25 G60 科创云廊

G60 科创云廊位于上海市松江区，由全球著名建筑设计师拉斐尔·维诺里进行概念设计，华东建筑设计研究院进行施工图设计，由上海通正铝结构公司提供全套技术与产品并完成安装。本项目全长 1.5km，分两期建设，共包括 22 幢 80m 高的建筑，云廊总面积达 15 万 m²，1.5km 的城市产业长廊堪称世界之最，建筑效果如图 9-31 所示。

图 9-31 G60 科创云廊

2020 年 1 月，一期工程结构建成，全长约 732m，宽度约 123m。11 栋高层建筑的屋顶由铝合金单层网壳结构相连，并在铝结构屋面上局部贴有柔性薄膜太阳能电池组件，重量只有硬质膜的约 1/3。这样的设计不仅能减轻结构负担，减少材料用量，还能发电供建筑物使用。整个屋盖波浪般高低起伏，最高点约为 100m，波峰波谷之间最大落差达 18m。采用树形柱支承屋面结构以减小跨度、分散柱顶集中力，树形柱上下铰接，以减少对下部结构的影响。综合考虑矢高最大化和支撑点跨度最小化两个原则，在高层建筑楼顶设置为波峰，各高层建筑之间设置为波谷，支撑于楼顶的树形柱分叉并尽可能撑远。两栋高层建筑之间的最远距离约为 130m，在每栋楼顶布置 4~6 个树形柱，柱截面呈两端小、中间大的棱形，如图 9-32 所示。本工程铝合金构件截面均为 H 形，截面高度为 550mm，材料牌号为 6061-T6，采用板式节点，为当时世界最长的高空屋盖建筑，也是建造高度最高、体量最大的复杂大跨度铝合金单层网壳结构，是铝合金结构具有里程碑意义的突破及工程运用案例。

图 9-32 树形柱

9.26 普陀山观音圣坛圆通大厅

观音法界一期观音圣坛项目位于舟山市普陀区朱家尖香莲路北侧，总建筑面积 66058m^2。其中地上建筑面积 63363m^2，地下建筑面积约 2695m^2。圣坛地上 10 层，地下局部 1 层，一层至顶部宝珠高度为 91.9m。圣坛中央为贯穿 1 层到 9 层通高的圆通大厅，在佛教文化内涵上，取意须弥山意境。圆通大厅为整个项目的核心景观，为铝合金单层斜交异形双曲面网壳结构，由上海通正铝结构公司提供全套技术与产品并完成安装，如图 9-33 所示。

(a) 外景

(b) 剖面

图 9-33 观音圣坛建筑效果图

铝合金单层网壳结构坐落在底部混凝土壳体上，与混凝土结构融为一体，共同构成须弥山景观，整体造型优美，曲线流畅。铝合金网壳结构高度约 32.65m，顶部直径 21.48m，底部直径 18.3m，中间最窄处直径 7.5m，展开面积约 1264m^2。网壳采用四边形网格形式，杆件表面覆盖空间多曲铝板，网格中间镶嵌马鞍形双曲面 A 类防火玻璃进行装饰，采用一体化节点系统无缝安装玻璃及铝板，无需次龙骨，实现围护系统、灯光照明系统和主体结构的一体化设计与施工（图 9-34），最终形成姿态轻盈优美的佛教艺术建筑。

(a) 网壳侧视图   (b) 网壳俯瞰图

图 9-34 铝合金装饰一体化建筑系统完成图

2020 年 11 月 14 日，普陀山观音法界正式开园，铝合金一体化建筑的精致表达得淋漓尽致，成功打造了集宗教、艺术、参学、观光、弘法于一体的、引领当代佛教潮流的文化空间。

9.27 天津金阜桥

金阜桥（图 9-35），又名蚌埠桥，位于天津市中心区，是一座跨海河桥梁，西连河西区的蚌埠道，东接河东区的十三经路，为河东、河西两区间又一跨河通道。金阜桥全桥长 192m，为机非混行桥，机动车双向 4 车道。分为主桥和辅桥，主桥宽 23.5m，辅桥净宽各 3m。主桥为单箱多室钢箱梁结构，辅桥为悬臂挑梁结构。在主桥两侧有观光人行道，并通过踏步连接至海河两岸的带状公园。桥梁的平面设计成反对称结构，主桥结构和两侧行人辅桥结构，由空间纵、横拱网状构造支撑并提供连接。

图 9-35 天津金阜桥

蚌埠桥主桥人行道、辅桥、桥间楼梯和相应平台部分均采用铝合金人行道板进行铺装，如图 9-36 所示。人行道板采用 6005-T5 铝合金挤压型材，标准板块长 5m、宽 0.25m，由 2.7mm 厚的上部翼缘板和 3mm 厚且底部带有加强的马蹄形构造的肋板组成。为方便各板块的连续铺设和紧密搭接，每块板材的两端分别设有悬出的小牛腿和盖板构造；而为了进一步增加桥面板的防滑性能，在其上表面设有均匀分布的防滑棱。

图 9-36　铝合金人行道板

为了实现铝合金桥面板与主桥、辅桥的连接，考虑受力及施工要求，在主桥钢箱顶板、辅桥或桥间楼梯相应部位设置一定间距和规格的双槽钢次梁，以特制夹具实现铝合金桥面板块与钢系梁的连接。夹具相应螺栓采用弹簧垫圈及双螺母，以避免长期踩踏后松动及不同材料间发生电化学反应。

9.28　华电煤场封闭项目

通过铝合金毂式节点（图 9-37）连接形成网架结构是美国 Geometrica 公司的专有技术，此类结构以三角形为基本构型单元，能够有效提高结构面内稳定性，结构体系合理高效，外形简洁美观，可以适应复杂的建筑形体和常用的单层壳体、双层桁架、空腹桁架、四角锥体系以及单、双层的组合式结构体系。截至 2021 年已在超过 25 个国家和地区得到工程应用。

华电十里泉电厂两个煤场（图 9-38）尺寸均为 208.5m×86m。采用钢管桁架加铝合金毂式节点网架的组合结构，铝合金毂式节点网架布置于桁架中间，采用双层空腹结构体系。华电江陵电厂封闭煤场（图 9-39）尺寸为 340m×120m。采用钢管桁架加铝合金毂式节点网架的组合结构，铝合金毂式节点网架布置于桁架中间，采用类似抽空三角锥的结构形式。华电青岛两个封闭煤场（图9-40）尺寸均为105m×321m，采用钢管桁架加铝合金毂式节点网架组合结构形式，铝合金毂式节点网架采用桁架式檩条形式，布置在桁架中间。

图9-37　铝合金毂式节点

图9-38　华电十里泉项目

图9-39　华电江陵项目

图9-40　华电青岛项目

9.29　郑州市民服务中心铝合金工程

郑州市民服务中心位于郑州市民公共文化服务区东部，定位于丰富市民公共文化生活、展示郑州新形象等城市名片作用。中心包括科技馆、杂技馆、群艺馆等六大功能区板块，多个建筑群通过"飘带状"的一体化立面幕墙形成有机的整体（图9-41），幕墙支承体系为单层双曲斜交铝合金空间网格结构，由上海通正铝结构公司提供全套技术与产品并完成安装。项目采用三角形的网格划分形式，铝合金挤压型材截面为 H280mm×160mm×7mm×12mm，材料牌号为 6061-T6，杆件通过板式节点系统连接。

(a) 建筑效果图　　　　　　　　　　　　　　(b) 建成效果

图 9-41　郑州市民服务中心铝合金幕墙图

9.30　樟树市体育中心

　　樟树市体育中心项目位于江西省樟树市滨江新区盐城大道旁，是江西省首座采用大跨度铝合金结构的体育场馆，体育场将满足面向全省乃至全国体育训练、竞赛的功能要求，也是广大群众开展全民健身、娱乐活动的场所。樟树市体育中心屋盖体系为铝合金单层网壳结构，由上海通正铝结构公司提供全套技术与产品并完成安装。屋盖下部为钢筋混凝土框架结构，平面投影为椭圆，长轴方向长 128m，短轴方向长 98m，屋顶高度为 26m，总建筑面积达 34472m^2，主要铝合金杆件截面为 H480mm×180mm×9mm×11mm，铝合金材料牌号为 6061-T6，铝合金杆件之间通过板式节点连接，屋面采用一体化铝板围护系统，建成后的效果如图 9-42 所示。

图 9-42　樟树市体育中心

9.31　河南省科技馆（新馆）

　　河南省科技馆（新馆）位于河南省郑州市郑东新区，建筑高度 43m，总建筑面积约 10.5 万 m²，是传播科学技术、提升公民科学素养、拓展青少年科学教育实践的一项重大公益项目。该项目屋顶采光顶采用铝合金单层球面网壳结构（图 9-43），跨度约为 27.6m，整体支承于屋面钢结构，由上海通正铝结构公司提供全套技术与产品并完成安装。铝合金杆件截面为 H280mm×160mm×8mm×9mm、H280mm×220mm×16mm×20mm，材料牌号为 6061-T6，采用一体化玻璃屋面。本项目采用地面拼装后整体吊装就位的施工工艺，极大地提高了施工效率，减少了高空作业量。

图 9-43　河南省科技馆（新馆）单层网壳铝合金屋面施工阶段实景图

9.32　世博温室花园

本项目位于在建的上海世博文化公园内 C04-01（b）地块内，在原上钢三厂保留厂房构架基础上建设世界一流温室花园，温室花园将秉承绿色低碳的建设理念，利用上钢三厂老厂房建筑改造更新，建筑群体分为规整的老厂房构架和灵动的温室玻璃建筑，新与旧的建筑，虚与实的空间，既对立又统一，形成建筑形态和外部空间的"阴阳调和"之平衡之美，呈现建筑独特新颖、景观丰富奇特的建设理念，如图 9-44 所示。

项目总建筑面积约为 37877.6m²，其中地上约 28925.9m²，地下约 8951.7m²，地上建筑包括 4 个建筑单体及保护建筑构架，分别为游客中心、云之花园、热带雨林和多肉世界馆，其中后三个场馆屋面和立面围护系统均为玻璃幕墙，整体通透优雅，新颖灵动。

3 个主要场馆的结构体系构成如图 9-45 所示。其中热带雨林、多肉世界两个展馆采用张弦铝合金异形网格结构，云之花园则采用悬挂铝合金异形网格结构。

图 9-44 世博温室花园效果图

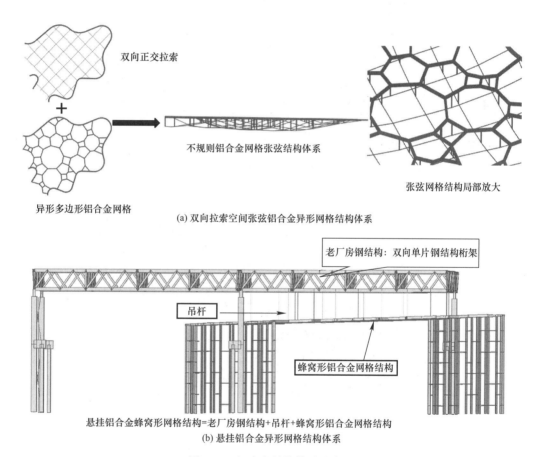

(a) 双向拉索空间张弦铝合金异形网格结构体系

(b) 悬挂铝合金异形网格结构体系

图 9-45 铝合金结构体系示意图

　　该项目由上海建筑设计研究院设计，上海通正铝结构公司提供全套技术与产品并完成安装。该工程实现了铝合金结构的多项突破，如世界首次采用 450mm 高的"日"字形大截面铝合金挤压杆件（图 9-46）、全球首创"张弦铝合金空间网格"结构体系等，拓展了铝合金结构的应用场景。图 9-47、图 9-48 为该工程安装过程照片。

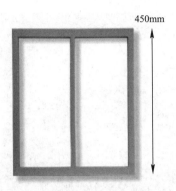

图 9-46 "日"字形大截面铝合金挤压杆件

图 9-47 世博温室花园安装过程照片

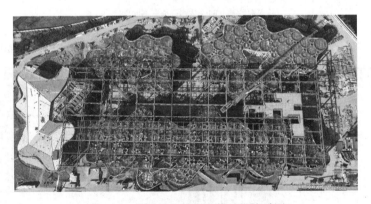

图 9-48 世博温室花园安装过程俯瞰图

9.33 洛阳奥体匹克中心

本项目依托周边城市配套，打造集运动竞技、体育商务和全民健身等功能互补互助的"体育公园综合体"，效果图如图 9-49 所示。本项目的田径训练馆铝合金网壳工程采用了铝合金单层网壳结构（图 9-50），是河南洛阳市首座异形大跨度铝合金网壳工程，由上海通正铝结构公司提供全套技术与产品并完成安装。

图 9-49　洛阳奥体中心效果图

图 9-50　田径训练馆铝合金网壳安装照片

铝合金单层网壳结构，整体呈椭球面造型，网壳长轴 96.5m，短轴 70.9m，网壳矢高 11.7m，支座标高 7.55m，投影面积 5417m²。采用 6061-T6 系铝合金材料，板式节点系统进行连接。该工程无论从造型设计还是绿色材质的选用上都匠心独运，蕴含独有的文化底蕴，贯穿绿色环保建设理念，与整体建筑主体相互辉映，相得益彰，项目要求异形大跨度曲拱网壳结构加工制作精度高，施工工艺技术创新点多，施工工期较短。

9.34　洛阳科技馆（新馆）

洛阳科技馆（新馆）项目位于洛阳城市未来轴线"科技谷"板块核心位置，整体建筑构思理念为"天地之间"，以周代发明的"瓦"为原型，建筑外形方弧结合，既具有浓厚的传统文化神韵，又体现出强烈的时代感和科技感，效果图如图 9-51 所示。科技馆中部设置球幕影院，采用铝合金单层网壳作为承重结构，由上海通正铝结构公司提供全套技术与产品并完成安装。

图 9-51　洛阳科技馆（新馆）效果图

铝合金单层网壳结构外形为标准球体，球心标高为 35.4m，半径为 16.615m，采用 6061-T6 铝合金，板式节点系统，网壳结构如图 9-52 所示。

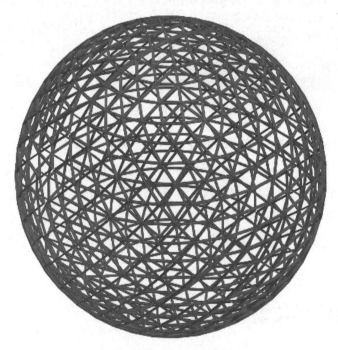

图 9-52　球幕影院铝合金单层网壳结构示意图

9.35　雄安体育场索承铝合金网壳结构

雄安体育中心项目总建筑面积约 18 万 m^2，主要建设内容包括体育场、体育馆、游泳馆三个主要单体以及附属配套设施。其中体育场项目建筑面积约 9.7 万 m^2，座位数 3 万个，地上 4 层，地下 2 层。体育场地下室结构平面尺寸约为 279.4m×244.8m，看台和屋盖外轮廓尺寸约为 250m×214m，屋盖用多种结构形式共同组合，构成独具风貌的第五立面，体现"天圆地方"的中华传统理念，效果图如图 9-53 所示。屋顶由外圈屋盖钢结构和中央的索承铝合金网壳组成，为提高月牙状区域铝合金屋盖结构的刚度与承载力，拉索采用多级径向索与树形撑杆扩大下部索杆的支撑范围，从而提高了索承结构对不规则建筑平面的适应能力（图 9-54）。

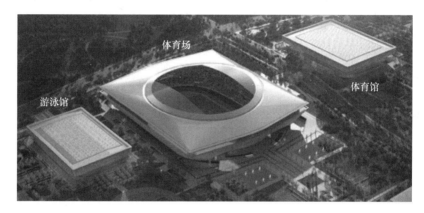

图 9-53　雄安体育中心效果图

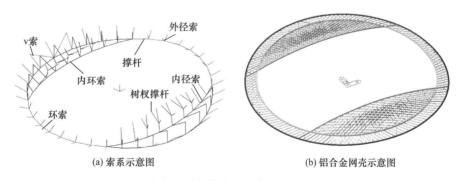

(a) 索系示意图　　　　　　　　(b) 铝合金网壳示意图

图 9-54　索承铝合金网壳结构体系

【习题】

9-1　列举 5 个常见的铝合金结构的工程实例并指出其结构形式。

附录 A 结构用铝合金材料及其连接力学性能

A.1 常用铝合金材料强度设计值

铝合金材料的强度设计值应按表 A-1 采用。

铝合金材料强度设计值（N/mm²）   表 A-1

铝合金材料				用于构件计算			用于焊接连接计算	
品种	牌号	状态	厚度（mm）	抗拉、抗压和抗弯 f	抗剪 f_v	极限抗拉、抗压和抗弯 $f_{u,d}$	焊件热影响区抗拉、抗压和抗弯 $f_{u,haz}$	焊件热影响区抗剪 $f_{v,haz}$
板、带材	3003	H14	0.5-6.0	105	60	110	75	40
	3004	H14	0.5-6.0	150	85	170	120	70
		H34	0.5-3.0	140	80	170	120	70
	3005	H14	0.5-6.0	125	70	130	90	50
	5005/5005A	H14	0.5-6.0	100	60	110	75	45
		H34	0.5-6.0	90	55	110	75	45
	5050	H34	0.5-6.0	110	65	135	100	60
	5052	H14	0.5-6.0	150	85	175	130	75
		H34	0.5-6.0	125	70	175	130	75
挤压型材	5083	O/H112	≤200.0	90	50	210	210	120
	6061	T4	所有	90	55	140	115	65
		T6	所有	200	115	200	135	75
	6063	T5	≤3.0	110	60	135	75	45
			>3.0~25.0	90	55	125	75	45
		T6	所有	135	75	150	85	50
		T66	≤10.0	165	95	190	100	60
			>10.0~25.0	150	85	175	100	60
	6082	T4	≤25.0	90	55	160	125	70
		T5	≤5.0	190	110	210	145	85
		T6	≤5.0	210	120	225	145	80
			>5.0~25.0	215	125	240	145	85
	7020	T6	≤15.0	240	140	270	215	125
			>15.0~40.0	230	130	270	215	125

A.2 常见铝合金材料力学性能标准值

常见结构用铝合金板、带材力学性能标准值可按表 A-2 采用，结构用铝合金棒、管、型材力学性能标准值可按表 A-3 采用。

常见结构用铝合金板、带材力学性能标准值　　　　　　表 A-2

合金牌号	状态	厚度（mm）	规定非比例伸长应力 $f_{0.2}$（N/mm²）	名义屈服强度焊接折减系数 ρ_{haz}	极限抗拉强度 f_u（N/mm²）	极限抗拉强度焊接折减系数 $\rho_{u,haz}$	伸长率 $A_{50}(A)$（%）
1060	H12	0.5～6.0	60	0.25	80～120	0.73	6～12
	H14	0.5～6.0	70	0.21	95～135	0.65	2～10
3003	H12	0.5～6.0	90	0.41	120～160	0.79	4～6
	H14	0.5～6.0	125	0.30	145～195	0.68	2～4
	H16	0.5～4.0	150	0.24	170～210	0.58	2
	H18	0.5～3.0	170	0.21	190	0.51	2
3004	H14	0.5～6.0	180	0.42	220～265	0.70	2～3
	H24/H34	0.5～3.0	170	0.44	220～265	0.70	4
	H16	0.5～4.0	200	0.38	240～285	0.65	1～2
	H26/H36	0.5～3.0	190	0.39	240～285	0.65	3
3005	H14	0.5～6.0	150	0.37	170～215	0.68	2～3
	H24	0.5～3.0	130	0.43	170～215	0.68	4
	H16	0.5～4.0	175	0.32	195～240	0.59	2
	H26	0.5～3.0	160	0.35	195～240	0.59	3
3013	H14	0.5～6.0	120	0.37	140～180	0.64	2～4
	H24	0.5～6.0	110	0.40	140～180	0.64	4～6
	H16	0.5～6.0	145	0.30	160～200	0.56	2
	H26	0.5～4.0	135	0.33	160～200	0.56	3
5005/5005A	O/H111	0.5～50.0	35	1	100～145	1	19～24(20)
	H12	0.5～6.0	95	0.46	125～165	0.80	2～5
	H22/H32	0.5～6.0	80	0.55	125～165	0.80	5～8
	H14	0.5～6.0	120	0.37	145～185	0.69	2～4
	H24/H34	0.5～6.0	110	0.40	145～185	0.69	4～6
5049	O/H111	0.5～100.0	80	1	190～240	1	14～18(17)
	H14	0.5～6.0	190	0.53	240～280	0.79	3～4
	H24/H34	0.5～6.0	160	0.63	240～280	0.79	6～8
5050	H22/H32	0.5～6.0	110	0.36	155～195	0.83	5～10
	H24/H34	0.5～6.0	135	0.28	175～215	0.74	4～8
	H26/H36	0.5～4.0	160	0.27	195～235	0.68	3～6

合金牌号	状态	厚度 (mm)	规定非比例伸长应力 $f_{0.2}$ (N/mm²)	名义屈服强度焊接折减系数 ρ_{haz}	极限抗拉强度 f_u (N/mm²)	极限抗拉强度焊接折减系数 $\rho_{u,haz}$	伸长率 $A_{50}(A)$ (%)
5052	O/H111	0.5~80.0	65	1	165~215	1	14~19(18)
	H12	0.5~6.0	160	0.50	210~260	0.81	5~8
	H22/H32	0.5~6.0	130	0.62	210~260	0.81	6~10
	H14	0.5~6.0	180	0.44	230~280	0.74	3~4
	H24/H34	0.5~6.0	150	0.53	230~280	0.74	5~7
	H26/H36	0.5~6.0	180	0.32	250~300	0.67	4~6
5454	O/H111	0.5~80.0	85	1	215~275	1	13~18(16)
	H14	0.5~6.0	220	0.48	270~325	0.80	3~4
	H24/H34	0.5~6.0	200	0.53	270~325	0.80	5~7
5754	O/H111	0.5~100.0	80	1	190~240	1	14~18(17)
	H14	0.5~6.0	190	0.53	240~280	0.79	3~4
	H24/H34	0.5~6.0	160	0.63	240~280	0.79	6~8
5083	O/H111	0.5~6.3	125	1	275~350	1	12~15
		>6.3~80.0	115	1	270~345	1	16(15~14)
		>80.0~120.0	110	1	260	1	(12)
		>120.0~200.0	105	1	255	1	(12)
	H12	0.5~6.0	250	0.62	315~375	0.90	4~6
	H22/H32	0.5~6.0	215	0.72	305~380	0.90	6~8
	H14	0.5~6.0	280	0.55	340~400	0.81	3
	H24/H34	0.5~6.0	250	0.62	340~400	0.81	5~7
6061	T4	0.4~80.0	110	0.86	205	0.73	12~18(15~14)
	T6	0.4~100.0	240	0.48	290	0.60	6~10(8~5)
6082	T4	0.4~80.0	110	0.91	205	0.78	12~14(13~12)
	T6	0.4~6.0	260	0.48	310	0.60	6~10
		>6.0~12.5	255	0.49	300	0.62	9
7020	T6	0.4~40.0	280	0.73	350	0.80	7~10(9)
		>40.0~100.0	270	0.73	340	0.80	(8)
		>100.0~200.0	260	0.73	330	0.80	(7~5)
8011A	H14	0.5~6.0	110	0.34	125	0.68	3~4
	H24	0.5~6.0	100	0.37	125	0.68	4~6
	H16	0.5~4.0	130	0.28	145	0.59	2~3
	H26	0.5~4.0	120	0.31	145	0.59	3~4

注：1. 伸长率标准值中，A_{50} 适用于厚度不大于 12.5mm 的板材，A 适用于厚度大于 12.5mm 的板材。

2. 表中焊接折减系数的数值适用于材料焊接后存放的环境温度大于 10℃，存放时间大于 3d（6×××系列）或 30d（7×××系列）的情况。

3. 表中焊接折减系数的数值适用于厚度不超过 15mm 的 MIG 焊，以及 3×××系列、5×××系列合金和 8011A 合金厚度不超过 6mm 的 TIG 焊。对于 6×××系列和 7×××系列合金厚度不超过 6mm 的 TIG 焊，焊接折减系数的数值必须乘以 0.8。当厚度超过上述规定，如无试验结果或国内外相关规范规定，3×××系列、5×××系列合金和 8011A 合金焊接折减系数的数值必须乘以 0.9，6×××系列和 7×××系列合金焊接折减系数的数值必须乘以 0.8（MIG 焊）或 0.64（TIG 焊）。对于 O 状态不需进行上述折减。

常见结构用铝合金棒、管、型材力学性能标准值　　　　表 A-3

合金牌号	产品类型	状态	直径 (mm)	壁厚 (mm)	规定非比例伸长应力 $f_{0.2}$ (N/mm²)	名义屈服强度焊接折减系数 ρ_{haz}	极限抗拉强度 f_u (N/mm²)	极限抗拉强度焊接折减系数 $\rho_{u,haz}$	伸长率 $A_{50}(A)$ (%)
5083	挤压棒、挤压管、挤压型材	O/H112	≤200	所有	110	1	270	1	10(12)
	拉制管	H32		所有	200	0.68	280	0.96	4
6060	挤压棒、挤压型材	T5	≤150	≤5.0	120	0.42	160	0.50	6(8)
	挤压型材	T5		>5.0~25.0	100	0.50	140	0.57	6(8)
	挤压棒、挤压型材	T6	≤150	≤3.0	150	0.43	190	0.59	6(8)
	挤压型材	T6		>3.0~25.0	140	0.43	170	0.59	6(8)
	挤压型材	T66		≤3.0	160	0.41	215	0.51	6
				>3.0~25.0	150	0.43	195	0.56	6(8)
6061	挤压棒、挤压管、挤压型材、拉制管	T4	≤150	所有	110	0.86	180	0.83	13(14)
	挤压棒、挤压管、挤压型材、拉制管	T6	≤150	所有	240	0.48	260	0.67	8(8)
6063	挤压棒	T5	≤200		130	0.46	175	0.57	6(8)
	挤压管	T5		≤25.0	130	0.46	175	0.57	6(8)
	挤压型材	T5		≤3.0	130	0.46	175	0.57	6
				>3.0~25.0	110	0.55	160	0.63	5(7)
	挤压棒、挤压管、挤压型材	T6	≤200	所有	160	0.41	195	0.56	6(8)
	拉制管	T6		所有	190	0.34	220	0.50	8(10)
	挤压型材	T66		≤10.0	200	0.38	245	0.53	6
				>10.0~25.0	180	0.42	225	0.58	6(8)
6005A	挤压棒、挤压型材（开口截面）	T6	≤50.0	≤5.0	225	0.51	270	0.61	6(8)
			>50.0~100.0	>5.0~10.0	215	0.53	260	0.63	6(10)
				>10.0~25.0	200	0.58	250	0.66	6(8)
	挤压型材（闭口截面）	T6		≤5.0	215	0.53	255	0.65	6
				>5.0~10.0	200	0.58	250	0.66	6
6106	挤压型材	T6		≤10.0	200	0.48	250	0.64	6
6082	挤压棒、挤压管、挤压型材	T4		≤25.0	110	0.91	205	0.78	12(14)
	挤压型材	T5		≤5.0	230	0.54	270	0.69	6
	挤压棒	T6	≤20.0		250	0.50	295	0.63	6(8)
			>20.0~150.0		260	0.48	310	0.60	(8)
	挤压管、挤压型材	T6		≤5.0	250	0.50	290	0.64	6
				>5.0~25.0	260	0.48	310	0.60	8(10)

合金牌号	产品类型	状态	直径（mm）	壁厚（mm）	规定非比例伸长应力 $f_{0.2}$（N/mm²）	名义屈服强度焊接折减系数 ρ_{haz}	极限抗拉强度 f_u（N/mm²）	极限抗拉强度焊接折减系数 $\rho_{u,haz}$	伸长率 $A_{50}(A)$（%）
7020	挤压棒、挤压管、挤压型材	T6	≤50.0	≤15.0	290	0.71	350	0.80	8(10)
			>50.0~150.0	>15.0~40.0	275	0.75	350	0.80	(10)
	拉制管	T6		所有	280	0.73	350	0.80	8(10)

注：1. 伸长率标准值中，A_{50} 适用于厚度（或直径）不大于 12.5mm 的板（或棒）材，A 适用于厚度（或直径）大于 12.5mm 的板（或棒）材。

2. 表中焊接折减系数的数值适用于材料焊接后存放的环境温度大于 10℃，存放时间大于 3d（6×××系列）或 30d（7×××系列）的情况。

3. 表中焊接折减系数的数值适用于厚度不超过 15mm 的 MIG 焊，以及 3×××系列、5×××系列合金和 8011A 合金厚度不超过 6mm 的 TIG 焊。对于 6×××系列和 7×××系列合金厚度不超过 6mm 的 TIG 焊，焊接折减系数的数值必须乘以 0.8。当厚度超过上述规定，如无试验结果或国内外相关规范规定，3×××系列、5×××系列合金和 8011A 合金焊接折减系数的数值必须乘以 0.9，6×××系列和 7×××系列合金焊接折减系数的数值必须乘以 0.8（MIG 焊）或 0.64（TIG 焊）。对于 O 状态不需进行上述折减。

A.3 常用铝合金连接材料强度设计值

铝合金结构普通螺栓、铆钉和环槽铆钉连接的强度设计值按表 A-4～表 A-6 采用。

普通螺栓连接的强度设计值（N/mm²）　　　　　表 A-4

螺栓的材料、性能等级以及构件（挤压型材）的铝合金牌号、状态、壁厚			普通螺栓								
			铝合金			不锈钢			钢		
			抗拉 f_t^b	抗剪 f_v^b	承压 f_c^b	抗拉 f_t^b	抗剪 f_v^b	承压 f_c^b	抗拉 f_t^b	抗剪 f_v^b	承压 f_c^b
普通螺栓	铝合金	2B11	170	160	—	—	—	—	—	—	—
		2A90	150	145	—	—	—	—	—	—	—
	不锈钢	A2-50、A4-50	—	—	—	200	190	—	—	—	—
		A2-70、A4-70	—	—	—	280	265	—	—	—	—
	钢	4.6、4.8级	—	—	—	—	—	—	170	140	—
构件（挤压型材）	6061	T4 所有	—	—	210	—	—	210	—	—	210
		T6 所有	—	—	300	—	—	300	—	—	300
	6063	T5 ≤3.0mm	—	—	205	—	—	205	—	—	205
		T5 >3.0~25.0mm	—	—	185	—	—	185	—	—	185
		T6 所有	—	—	225	—	—	225	—	—	225
		T66 ≤10.0mm	—	—	285	—	—	285	—	—	285
		T66 >10.0~25.0mm	—	—	260	—	—	260	—	—	260
	5083	O/H112 所有	—	—	315	—	—	315	—	—	315
	6082	T4 ≤25.0mm	—	—	240	—	—	240	—	—	240
		T5 ≤5.0mm	—	—	315	—	—	315	—	—	315
		T6 ≤5.0mm	—	—	335	—	—	335	—	—	335
		T6 >5.0~25.0mm	—	—	360	—	—	360	—	—	360
	7020	T6 ≤40.0mm	—	—	405	—	—	405	—	—	405

铆钉连接的强度设计值（N/mm²）

表 A-5

铝合金铆钉牌号及构件铝合金牌号、状态、壁厚				铆钉连接	
				抗剪 f_v^r	承压 f_c^r
铆钉		5B05-HX8		90	—
		2A01-T4		110	—
		2A10-T4		135	—
构件	6061	T4	所有	—	210
		T6	所有	—	300
	6063	T5	≤3.0mm	—	205
			>3.0～25.0mm		185
		T6	所有	—	225
		T66	≤10.0mm		285
			>10.0～25.0mm		260
	5083	O/H112	所有		315
	6082	T4	≤25.0mm	—	240
		T5	≤5.0mm	—	315
		T6	≤5.0mm	—	335
			>5.0～25.0mm		360
	7020	T6	≤40.0mm		405

环槽铆钉连接的强度设计值（N/mm²）

表 A-6

铆钉材料	连接方式	环套材料	抗剪 f_v^r	承压 f_c^r	抗拉 f_t^b
不锈钢 S30480(SUS304J3)	对穿	不锈钢环套	317	—	294
		铝合金环套	317	—	207
	单面	—	302		198
合金钢	对穿	合金钢	292	—	355
低碳钢	对穿	低碳钢	237	—	229
低碳钢或合金钢	单面	—	302	—	198

注：单面连接的环槽铆钉依据其名义直径计算承载力。

铝合金结构焊缝的强度设计值应按表 A-7 采用。

焊缝的强度设计值（N/mm²）

表 A-7

铝合金牌号	焊丝型号	对接焊缝			角焊缝
		抗拉 f_t^w	抗压 f_c^w	抗剪 f_v^w	抗拉、抗压和抗剪 f_f^w
6061-T4 6061-T6	SAlMG-3(Eur 5356)	145	145	85	85
	SAlSi-1(Eur 4043)	135	135	80	80
6063-T5 6063-T6	SAlMG-3(Eur 5356)	115	115	65	65
	SAlSi-1(Eur 4043)	115	115	65	65
5083-O/H112	SAlMG-3(Eur 5356)	185	185	105	105
6082-T4 6082-T6	SAlMG-3(Eur 5356)	145	145	85	85
	SAlSi-1(Eur 4043)	145	145	85	85
7020-T6	SAlMG-3(Eur 5356)	195	195	110	110
	SAlSi-1(Eur 4043)	165	165	95	95

注：对于两种不同种类合金的焊接，焊缝的强度设计值应采用较小值。

A.4 铝合金材料物理性能指标和热工参数

铝合金材料物理性能指标按表 A-8 采用。

铝合金材料物理性能指标　　　　　　　表 A-8

弹性模量 $E(N/mm^2)$	泊松比 ν	剪变模量 $G(N/mm^2)$	线膨胀系数 α(以每℃计)	质量密度 ρ(kg/m³)
70000	0.3	27000	23×10^{-6}	2700

高温下铝合金的热工参数应按表 A-9 确定。

高温下铝合金的热工参数　　　　　　　表 A-9

参数		符号	数值	单位
热膨胀系数		α_{al}	2.36×10^{-5}	m/(m·℃)
热传导系数	3×××和6×××系列	λ_{al}	197	W/(m·℃)
	5×××和7×××系	λ_{al}	150	
比热容		c_{al}	920	J/(kg·℃)
密度		ρ_{al}	2700	kg/m³

A.5 常用铝合金材料化学成分

结构用铝合金板、带、棒、管、型材的化学成分可按表 A-10 采用。

结构用铝合金板、带、棒、管、型材的化学成分　　　　　　　表 A-10

合金牌号	化学成分（%）								其他		Al
	Si	Fe	Cu	Mn	Mg	Cr	Zn	Ti	单个	合计	
1060	0.25	0.35	0.05	0.03	0.03	—	0.05	0.03	0.03	—	余量
3003	0.60	0.70	0.05～0.20	1.0～1.5	—	—	0.10	—	0.05	0.15	余量
3004	0.30	0.70	0.25	1.0～1.5	0.8～1.3	—	0.25	—	0.05	0.15	余量
3005	0.60	0.70	0.30	1.0～1.5	0.20～0.6	0.10	0.25	0.10	0.05	0.15	余量
3013	0.50	0.70	0.10	0.90～1.5	0.30	0.10	0.20	—	0.05	0.15	余量
5005	0.30	0.70	0.20	0.20	0.50～1.1	0.10	0.25	—	0.05	0.15	余量
5005A	0.30	0.45	0.05	0.15	0.70～1.1	0.10	0.20	—	0.05	0.15	余量
5049	0.40	0.50	0.10	0.50～1.1	1.6～2.5	0.30	0.20	0.10	0.05	0.15	余量
5050	0.40	0.70	0.20	0.10	1.1～1.8	0.10	0.25	—	0.05	0.15	余量
5052	0.25	0.40	0.10	0.10	2.2～2.8	0.15～0.35	0.10	—	0.05	0.15	余量
5454	0.25	0.40	0.10	0.50～1.0	2.4～3.0	0.05～0.20	0.25	0.20	0.05	0.15	余量
5754	0.40	0.40	0.10	0.50	2.6～3.6	0.30	0.20	0.15	0.05	0.15	余量

合金牌号	化学成分（％）										
	Si	Fe	Cu	Mn	Mg	Cr	Zn	Ti	其 他		Al
									单个	合计	
5083	0.40	0.40	0.10	0.40～1.0	4.0～4.9	0.05～0.25	0.25	0.15	0.05	0.15	余量
6060	0.30～0.6	0.10～0.30	0.10	0.10	0.35～0.6	0.05	0.15	0.10	0.05	0.15	余量
6061	0.40～0.8	0.7	0.15～0.40	0.15	0.80～1.2	0.04～0.35	0.25	0.15	0.05	0.15	余量
6063	0.20～0.6	0.35	0.10	0.10	0.45～0.9	0.10	0.10	0.10	0.05	0.15	余量
6005A	0.50～0.9	0.35	0.30	0.50	0.40～0.7	0.30	0.20	0.10	0.05	0.15	余量
6106	0.30～0.6	0.35	0.25	0.05～0.20	0.40～0.8	0.20	0.10	—	0.05	0.15	余量
6082	0.70～1.3	0.50	0.10	0.40～1.0	0.60～1.2	0.25	0.20	0.10	0.05	0.15	余量
7020	0.35	0.40	0.20	0.05～0.50	1.0～1.4	0.10～0.35	4.0～5.0	—	0.05	0.15	余量
8011A	0.40～0.8	0.50～1.0	0.10	0.10	0.10	0.10	0.10	0.05	0.05	0.15	余量

附录 B 板件弹性屈曲

受压加劲板件、非加劲板件的弹性屈曲应力应按下式计算：

$$\sigma_{cr} = \frac{k\pi^2 E}{12(1-\nu^2)\cdot(b/t)^2} \tag{B-1}$$

式中 k——受压板件局部稳定系数；

ν——铝合金材料的泊松比，$\nu=0.3$；

b——板件净宽；

t——板件厚度。

其中，受压板件局部稳定系数 k 可按下式计算：

（1）加劲板件

当 $1 \geqslant \psi > 0$ 时：

$$k = \frac{8.2}{\psi+1.05} \tag{B-2a}$$

当 $0 \geqslant \psi \geqslant -1$ 时：

$$k = 7.81 - 6.29\psi + 9.78\psi^2 \tag{B-2b}$$

当 $\psi < -1$ 时：

$$k = 5.98(1-\psi)^2 \tag{B-2c}$$

式中 ψ——压应力分布不均匀系数，$\psi = \sigma_{min}/\sigma_{max}$；

σ_{max}——受压板件边缘最大压应力（N/mm²），取正值；

σ_{min}——受压板件另一边缘的应力（N/mm²），取压应力为正，拉应力为负。

（2）非加劲板件

1）最大压应力作用于支承边：

当 $1 \geqslant \psi > 0$ 时：

$$k = \frac{0.578}{\psi+0.34} \tag{B-3a}$$

当 $0 \geqslant \psi \geqslant -1$ 时：

$$k = 1.7 - 5\psi + 17.1\psi^2 \tag{B-3b}$$

2）最大压应力作用于自由边：

当 $1 \geqslant \psi \geqslant -1$ 时：

$$k = 0.425 \tag{B-3c}$$

均匀受压的边缘加劲板件、中间加劲板件的弹性临界屈曲应力计算时通过引入加劲肋修正系数考虑加劲肋对被加劲板件抵抗局部屈曲（或畸变屈曲）的有利影响。

（1）弹性临界屈曲应力应按下式计算：

$$\sigma_{cr}=\frac{\eta k_0 \pi^2 E}{12(1-\nu^2)\cdot(b/t)^2}\qquad\text{(B-4)}$$

式中　k_0——均匀受压板件局部稳定系数；对于边缘加劲板件，$k_0=0.425$；对于中间加劲板件，$k_0=4$；

　　　　η——加劲肋修正系数，用于考虑加劲肋对被加劲板件抵抗局部屈曲（或畸变屈曲）的有利影响。

（2）加劲肋修正系数应按下列规定计算：

1）对于边缘加劲板件：

$$\eta=1+0.1(c/t-1)^2\qquad\text{(B-5)}$$

2）对于有一个等间距中间加劲肋的中间加劲板件：

$$\eta=1+2.5\frac{(c/t-1)^2}{b/t}\qquad\text{(B-6)}$$

3）对于有两个等间距中间加劲肋的中间加劲板件：

$$\eta=1+4.5\frac{(c/t-1)^2}{b/t}\qquad\text{(B-7)}$$

式中　t——加劲肋所在板件的厚度，也即加劲肋的等效厚度；

　　　　c——加劲肋等效高度；等效的原则是：加劲肋对其所在板件中平面的截面惯性矩与等效后的截面惯性矩相等，如图 B-1 所示，虚线表示等效加劲肋。

4）对于有两道以上中间加劲肋的中间加劲板件，宜保留最外侧两道加劲肋，并忽略其余加劲肋的加劲作用，按有两道加劲肋的情况计算；

5）对于其他带不规则加劲肋的复杂加劲板件：

$$\eta=\left(\frac{\sigma_{cr}}{\sigma_{cr0}}\right)^{0.8}\qquad\text{(B-8)}$$

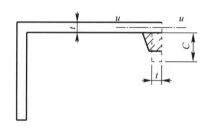

图 B-1　加劲肋等效原则
（u-u 为板件中面）

式中　σ_{cr}——假定加劲边简支情况下，该复杂加劲板件的临界屈曲应力；宜按有限元法或有限条分法计算。

　　　　σ_{cr0}——假定加劲边简支情况下，不考虑加劲肋作用，同样尺寸的加劲板件的临界屈曲应力。可按公式（B-4）计算，并取 $\eta=1.0$。

式（B-5）～式（B-7）给出了常见三种加劲形式 η 的计算公式，该公式来自于 $\eta=\sigma_{cr}/\sigma_{cr0}=k/k_0$，其中 σ_{cr} 为带加劲肋单板的弹性屈曲应力理论解，k 为屈曲系数。以边缘加劲板件为例，图 B-2 绘出了加劲肋厚度与板件厚度相同时板件宽厚比 $\beta=15$ 和 $\beta=30$ 两种情况下，屈曲系数 k 与加劲肋高厚比 c/t 的关系。由图 B-2 可见，屈曲系数与板件屈曲波长有关。当屈曲半波较长时，增大加劲肋的高厚比，不能显著地提高边缘加劲板件的屈曲系数，也即不能显著提高板件的临界屈曲应力。然而，考虑到实际构件中板件屈曲的相关性，其屈曲半波长度一般不超过 7 倍板宽，通常可以取屈曲半波长度与宽度的比值 $l/b=7$ 来确定边缘加劲板件的屈曲系数 k。图 B-3 是板件屈曲半波长度等于 7 倍板宽时，板件宽厚比等于 10、20、30、40 四种情况下，边缘加劲板件的屈曲系数与加劲肋高厚比的关系。

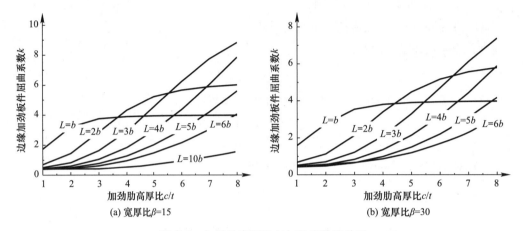

(a) 宽厚比β=15   (b) 宽厚比β=30

图 B-2　加劲肋高厚比与加劲系数的关系

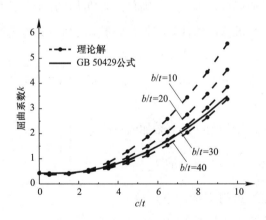

图 B-3　边缘加劲板件在不同宽厚比情况下的屈曲系数

对于更复杂的加劲形式，一般很难通过弹性屈曲理论分析获得屈曲系数 k 和加劲肋修正系数 η。在此情况下，η 应按式（B-8）计算。在式（B-8）中取指数为 0.8 而非 1.0，这样做是偏于保守的。在缺乏计算依据或不能按式（B-8）计算时，建议忽略加劲肋的加劲作用，即取 $\eta=1.0$。

对于不均匀受压的边缘加劲板件、中间加劲板件及其他带不规则加劲肋的复杂加劲板件，其临界屈曲应力 σ_{cr} 宜按有限元法计算，计算中可不考虑相邻板件的约束作用，按加劲边简支情况处理，如图 B-4 所示。当缺乏计算依据时，可忽略加劲肋的加劲作用，按不均匀受压板件由式（B-1）～式（B-3）计算其临界屈曲应力 σ_{cr}，再由式（4-1）、式（4-2）计算板件的有效厚度，但截面中加劲肋部分的有效厚度应取板件的有效厚度和对加劲部分按非加劲板件单独计算的有效厚度中的较小值。

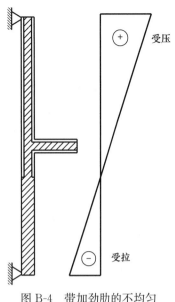

图 B-4　带加劲肋的不均匀
受压板件

对于边缘加劲板件和中间加劲板件，除应将其作为整体按式（4-1）、式（4-2）计算外，尚应按加劲板件和非加劲板件根据式（4-1）、式（4-2）分别计算各子板件及加劲肋的有效厚度 t_e，并取各板件的最小有效厚度。由于当中间加劲板件或边缘加劲板件的加劲肋高厚比过大时，加劲肋本身可能先于板件局部屈曲，这时应将加劲肋视为非加劲板件，将子板件视为加劲板件分别计算其有效厚度，加劲肋和子板件的最终有效厚度应取上述有效厚度和将其作为整体按式（4-1）、式（4-2）计算的有效厚度这两者中的较小值。

参 考 文 献

［1］ 中华人民共和国住房和城乡建设部. 铝合金结构设计规范：GB 50429—2007 ［S］. 北京：中国建筑工业出版社，2007.

［2］ 中华人民共和国住房和城乡建设部. 建筑结构可靠性设计统一标准：GB 50068—2018 ［S］. 北京：中国建筑工业出版社，2018.

［3］ 中华人民共和国住房和城乡建设部. 建筑结构荷载规范：GB 50009—2012 ［S］. 北京：中国建筑工业出版社，2012.

［4］ 中国工程建设标准化协会. 铝合金空间网格结构技术规程：T/CECS 634—2019 ［S］. 北京：中国建筑工业出版社，2019.

［5］ F. M. 马佐拉尼. 铝合金结构 ［M］. 谭梅祝，译. 北京：冶金工业出版社，1992.

［6］ 刘红波，陈志华. 铝合金空间网格结构 ［M］. 北京：中国建筑工业出版社，2021.

［7］ 丁阳. 钢结构设计原理 ［M］. 天津：天津大学出版社，2014.

［8］ European Commission. Eurocode 9：Design of Aluminium Structures-Part 1-1：General Structural Rules：EN 1999-1-1：2007 ［S/OL］. ［2024-01-09］. https：//eurocodes. jrc. ec. europa. eu/EN-Eurocodes/eurocode-9-design-aluminium-structures.